Lenkspurstange

Das andere Rad der Starrachse wird gelenkt durch die Lenkspurstange. Im Prinzip aufgebaut wie eine Pkw-Lenkspurstange, reicht sie jedoch von einem zweiten Hebel des einen Rades quer durch das Fahrzeug zum Lenkspurhebel des anderen Rades. Bei einzeln aufgehängten Rädern gibt es wie beim Pkw zwei Lenkspurstangen, die über Hebel mit der Mittelstange verbunden sind (Abb. 43).

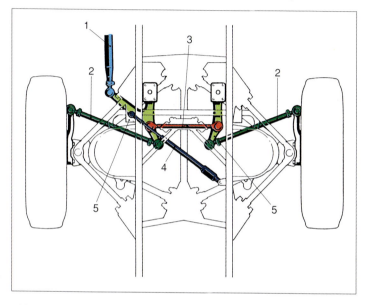

Abb. 43:
Lenkgestänge für
NKW-Doppelquer-
lenkerachsen
1 Lenkschubstange
2 Lenkspurstangen
3 Mittelstange
4 Lenkungsdämpfer
5 Hebel

Anforderungen an Lenkungsgelenke

Die Funktionsanforderungen entsprechen denen der Gelenke für Pkw – jedoch auf wesentlich höherem Belastungsniveau. Deshalb wird die Nutzfahrzeug-Spurstange überwiegend mit

setzt wird. Über Hebel und Lenkstangen muß die ins Lenkgetriebe eingeleitete Lenkbewegung bis zu den lenkbaren Rädern weitergeleitet werden. Hierzu tritt als erstes die Lenkschubstange in Aktion.

Lenkschubstange

Der Fahrersitz befindet sich bei Nutzfahrzeugen meistens direkt über oder sogar noch vor der Vorderachse. Die überwiegend schräg angeordnete Lenksäule erfordert ein weit vorne liegendes Lenkgetriebe. Die Lenkschubstange muß die Entfernung vom Hebel am Lenkgetriebe bis zum Lenkspurhebel am Radträger überbrücken. Um bei horizontal ausgerichteter Lenkradspeiche die richtige Vorspur des einen Vorderrades in Geradeausstellung einstellen zu können, wird ein Gelenk mit dem Rohr verstellbar verbunden (Abb. 42).

Abb. 42:
Lenkgestänge für
NKW-Starrachsen
1 Lenkschubstange
2 Lenkspurstange

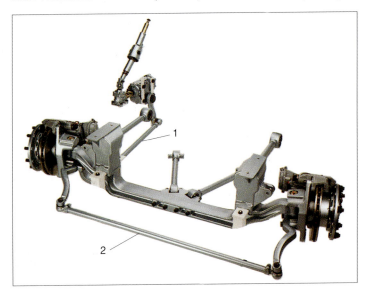

berücksichtigt werden. Zukünftig wird es voraussichtlich wie beim Pkw auch bei Nutzfahrzeugen zu »Crash«-Gesetzen und zum Einbau von Airbags kommen. Unterschiedliche Ladungen und Ladungszustände sowie die Rahmenbauweise des Lkw-Chassis' erschweren die Definition von Gesetzesforderungen.

Analog zum Pkw setzt sich zunehmend auch in Nutzfahrzeugen die Funktion »Verstellbarkeit« durch (Abb. 41). Während beim Lkw der Komfort diesen Trend ankurbelt, sorgen beim Bus neue an der Ergonomie orientierte EU-Paragraphen für verstellbare Lenksäulen. Ähnliche »Ergonomie-Gesetze« werden früher oder später auch beim Lkw folgen.

EU-Paragraphen für Busse

Die Lenksäule ermöglicht ein leichtes Verstellen des Lenkrades in Höhe und Neigung. Auch bei hohen Lenkmomenten verhindert ein kugelgeführtes Schiebesystem (Kugelumlauf) die Übertragung der permanenten Kabinenschwingungen auf das Lenkrad. Doppelteleskopierbare Lenkwellen ermöglichen zusätzlich das Kippen der Fahrerkabine.

Kugelumlauf

Das Lenkrad ist in Höhe (ca. ±50 mm) und Neigung (ca. ±10°) verstellbar. Möglich ist ein passiver oder aktiver Verstellmechanismus. Die obere Lenksäule verfügt über ein energieabsorbierendes Teleskop, dessen Kraftniveau sich individuell an die Kundenanforderungen anpassen läßt. Außerdem ist das Lenksystem so konstruiert, daß es den Anforderungen eines Airbagmoduls gerecht wird. Weitere Integrationen wie Schaltung, Verkabelung, Verkleidung oder Kabinenabdichtung sind möglich.

Airbagmodul eingeplant

Lenkgestänge

Die Lenkanlage eines Nutzfahrzeugs unterscheidet sich ganz erheblich von der eines Pkw, weil keine Zahnstangenlenkung einge-

Lenksäulen

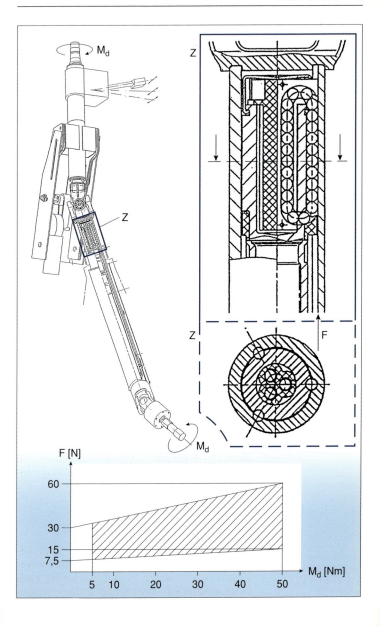

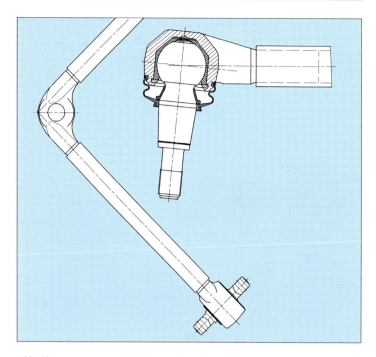

*Abb. 40:
Dreieckslenker für
Doppelquerlenker-
vorderachse*

*Abb. 41 (gegenüber):
Verstellbare Lenk-
säule für NKW (links)
Kugelgeführtes
Lenksäulenschiebe-
system (rechts)
Vorgeschriebener
Verschiebekraft-
bereich (Diagramm)*

Räder weitergibt. Dieser auch »King-Pin« genannte Königszapfen verbindet den Radträger mit dem Achsschenkel. Ein- und Ausfederbewegung geschehen über das Zentralgelenk des Dreieckslenkers.

An den Enden der Lenkerarme, die mit dem Rahmen verbunden werden, kommen im wesentlichen wie bei den Achsführungslenkern Gummigelenke zum Zuge.

Lenksäulen

Da der Schutz vor Unfallfolgen für Nutzfahrzeuge vom Gesetzgeber noch nicht vorgeschrieben ist, müssen in dieser Hinsicht noch keine speziellen Konstruktionsanforderungen

Achsführungslenker für Busse

Die permanente Verbesserung des Geräuschverhaltens von Bussen führte dazu, daß nun das Geräusch des Differentialgetriebes den Komfort beeinträchtigte. Eine Geräuschdämmung wird durch eine spezielle Weiterent-

Abb. 39: Gummigelenk mit modifizierter Radialelastizität

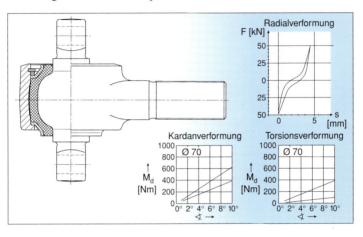

wicklung von bereits bekannten Achsführungslenkern erzielt, bei denen das Einfederverhalten des Gummigelenks modifiziert wurde (Abb. 39).

Radführungslenker

Bei Einzelradaufhängung, die sich bei Bussen und Sonderfahrzeugen zunehmend durchsetzt, wird in erster Linie die »Doppelquerlenker-Bauweise« verwendet. Dabei sind je Radseite zwei Dreieckslenker übereinander angeordnet. Im Schnittpunkt der beiden Lenkerarme eines Dreieckslenkers sitzt das Zentralgelenk. Um die Lenkbewegung zu ermöglichen, handelt es sich dabei um ein Kugelgelenk (Abb. 40).
Eine andere Möglichkeit besteht darin, daß der Achsschenkelbolzen die Lenkbewegung der

Zwei Dreieckslenker

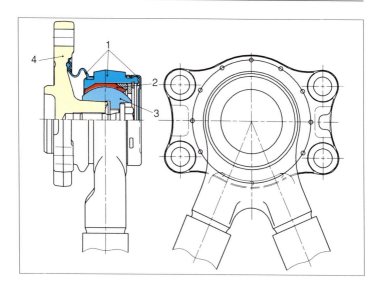

Abb. 37:
Zentralgelenk für
Dreieckslenker
1 Gehäuse mit
  Dichtkappe und
  Schutzbalg
2 Kunststofflager-
  schale
3 Gelenkkugel
4 Befestigungs-
  flansch mit Kugel
  verschraubt

übliche Abdichtung gegen Verschmutzung und Feuchtigkeit. Außerdem sorgt das Element, das an allen drei Lenkerpunkten im Aufbau gleich ist, für bessere Geräuschdämmung.

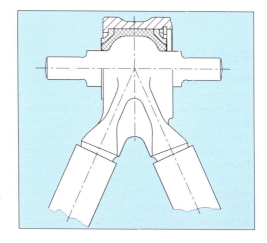

Abb. 38:
Zentralgelenk für
Dreieckslenker mit
Befestigungspratze
einteilig in Gummi
gelagert (anstelle des
Befestigungsflan-
sches)

eine ausreichende Dimensionierung der Gummigelenke nur die Variation von Außendurchmesser (in Grenzen), Gummivorspannung und Gummihärte übrig.

Achsführungslenker

Übernimmt die Blattfeder keine beziehungsweise eine nicht ausreichende Achsführung (zum Beispiel bei unabhängig voneinander beweglichen Tandemachsen), so werden an der Starrachse zusätzliche Lenker benötigt, welche die Achse mit dem Rahmen verbinden. Sie lassen sich alternativ längs, quer und diagonal im Fahrzeug anordnen. Bei den luftgefederten Starrachsen, die immer öfter zum Einsatz kommen, kann das Federelement keine Achsführungsaufgaben übernehmen. Deshalb werden immer Achsführungslenker benötigt, die in allen Anschlußpunkten überwiegend mit Gummigelenken bestückt sind (Abb. 36).

Abb. 36: Achsführungslenker für Starrachsen mit speziellen Gummigelenken bestückt

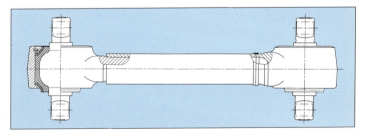

Moderne Starrachsen erhielten bisher Dreieckslenker, bei denen das Zentralgelenk in Gleitlager-Ausführung mit einem Flansch auf der Achse befestigt wurde (Abb. 37). Die nächste Entwicklungsstufe war ein Zentralgelenk aus Gummi mit einer einfacheren, kostengünstigeren Zapfenbefestigung (auch Pratze genannt) (Abb. 38). Dank des vulkanisierten Gummigelenks entfällt die sonst

Vom Pkw zum Nutzfahrzeug

In diesem Kapitel werden mit dem Begriff Nutzfahrzeuge Lastkraftwagen, Busse und Schienenfahrzeuge bezeichnet, die über ein zulässiges Gesamtgewicht von 6 bis 50 t verfügen. Dabei fallen die Komfortansprüche je nach Einsatzart im Güter- oder Personentransport unterschiedlich aus.

Im allgemeinen verfügen Nutzfahrzeuge hinten und vorne über Starrachsen, die über Blattfedern mit dem Rahmen verbunden sind. Das unterscheidet sie von Pkws, bei denen sich die Einzelradaufhängung durchgesetzt hat. In die Blattfederaugen und an der Schwingenlagerung im Rahmen werden meistens Gummigelenke (auch Molekulargelenke genannt) direkt in die Lagerstelle eingepreßt. Es gibt sie mit oder ohne Metallaußenring (Abb. 35).

Abb. 35:
Gummigelenke
in Blattfederaugen
eingepreßt
links ohne Außenring
rechts mit Außenring

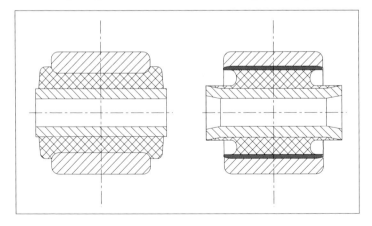

Da die Breite der Blattfeder und der Außendurchmesser der Innenhülse in der Regel vom Fahrzeughersteller vorgegeben wird, bleibt für

mensionaler Konstruktionsentwurf. Mit den gespeicherten Daten werden die Versuchswerkzeuge gefertigt, aus denen die ersten Bauteile für funktionsfähige Ölbehälter entstehen. Anhand von Tests mit den Mustern werden die Schwachstellen ermittelt, welche die Artikelkonstrukteure im dreidimensionalen CAD-Entwurf beheben. Mit diesen Daten entstehen computergesteuert die Spritzgußformen für den Ölbehälter. Auf diese Weise läßt sich die gesamte 3D-Entwicklung ohne aufwendige und teure Modelle direkt durchführen.

Tests mit Mustern

Für die 3D-Methode mit durchgängigem Datenfluß sprechen unter anderem:

- Vermeiden von Mehrfacheingaben,
- Verringern von Informationsverlusten bei internen Datentransfers,
- Verringern von Fehlern in den Datenbeständen,
- Vereinfachen des Änderungswesens,
- Einsparen an Sachmitteln und Personaleinsatz wegen geringerem Aufwand,
- Durchgängiges Verwalten aller Informationsarten,
- Ständige Verfügbarkeit der aktuellen Datenbestände.

Vorteile der 3D-Methode

Dank dieser CIM-Kette kann ein Unternehmen kostengünstiger, flexibler und schneller agieren. Dabei nutzt es besonders dem Automobilhersteller, wenn er sich an dem durchgängigen Datenaustausch beteiligt. Der Mehraufwand an Konstruktionszeit wird durch den deutlich geringeren Zeitaufwand beim Werkzeugvorrichtungsbau mehr als kompensiert.

CIM-Kette

Erleichterte Montage

nicht nur deutlich leichter und preiswerter ausfallen, sondern auch die Montage erleichtern sollte. Bisher bestanden Halterungen üblicherweise aus umgeformten Blechteilen, Aluminiumkonstruktionen oder Stahlverbundversionen. Es entstand ein Gehäuse für den Beifahrerairbag, welches vollständig aus Kunststoff hergestellt wurde. Im Vergleich zur ursprünglich geplanten »Metallkanne« fiel das Gehäuse aus Kunststoff rund 30 % leichter aus.

Auf wesentlich einfachere Art können die Hersteller von Airbagmodulen nun Gehäuse mit multifunktionellem Charakter produzieren. Außerdem läßt sich den steigenden Recyclingansprüchen besser nachkommen.

Systementwicklung mit durchgängigem Rechnereinsatz

Auch bei Kunststoffbauteilen für die Automobilindustrie geht der Trend hin zur Systementwicklung: Der Automobil-Zulieferer baut also ein Fahrzeugteil nicht mehr auf Bestellung getreu den Vorgaben einer Zeichnung, sondern er entwickelt und produziert

Von der Idee bis zur Komponente

alles von der Idee bis hin zur kompletten, einbaufertigen Komponente in eigener Regie unter Berücksichtigung des Pflichtenheftes. Diese durchgängige Arbeitsweise funktioniert nur mit Unterstützung eines dementsprechend durchgängigen High-Tech-Einsatzes im Sinne von Computer Integrated Manufacturing, kurz CIM genannt.

Da grau bekanntlich besonders die Computer-Theorie ist, stattdessen ein farbiges Beispiel aus der Praxis anhand eines Ölbehälters: Anhand von Handskizzen und einer Funktionsbeschreibung entsteht mit Hilfe eines CAD-Programmes ein erster dreidi-

führungen lassen sich diese Behälter dank Spritzgußtechnik wirtschaftlicher fertigen und bieten mehr Gestaltungsfreiheit.

Substitution und Leichtbau

Kunststoffbeispiele wie Fußpedale, Stoßfänger, Radzierkappen und Kraftstofftanks zeigen, daß die Substitutionswelle schon lange mit Erfolg im Automobilbau läuft. Zu den Hauptgründen zählen dabei vor allem Kostenersparnis, Gewichtsreduzierung, Korrosionsbeständigkeit und größere Designfreiheiten.

Ein typisches Beispiel für Substitution steckt in einem neuen Pkw der Mittelklasse. Erstmals wurde für den Beifahrerairbag ein Gehäuse entwickelt, das vollständig aus einem Kunststoffspritzgußteil besteht (Abb. 34). Ziel der Substitution war es, daß das Kunststoffteil

Abb. 34:
Airbaggehäuse aus Kunststoff für Beifahrerseite

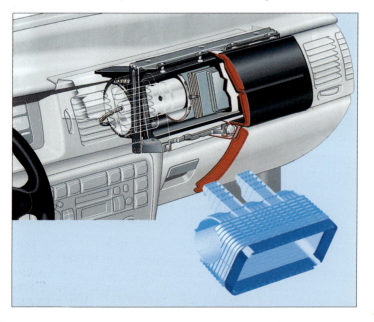

Abb. 33:
Ölbehälter für die Servolenkung

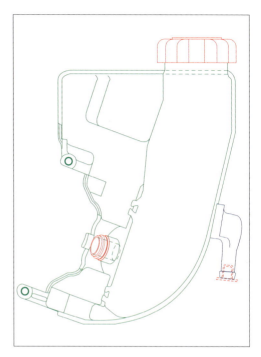

- Der Behälter muß Temperaturen von etwa −30 °C bis 120 °C (Dauerbelastung) beziehungsweise bis 150 °C (kurzzeitige Spitzenbelastung) verkraften.
- Filtrieren des Umlauföls per Filter oder Siebsystem teils mit, teils ohne By-pass-Funktion.
- Der Behälter und seine Befestigung (an Pumpe oder Fahrzeug) müssen den zum Teil sehr hohen Schwingungen standhalten.

Diese Anforderungen erfüllen nicht nur konventionelle Lösungen aus Stahlblech oder Aluminium-Druckguß, sondern auch Behälter aus Kunststoffen. Bei gleich guten Eigenschaften wie Stahl- oder Aluminiumaus-

deren Grundkörper aus einem mit Glasfasern verstärkten Thermoplast hergestellt wird (Abb. 32). Der Werkstoff zeichnet sich durch hohe Steifigkeit und Festigkeit sowie ausgezeichnete Kriechfestigkeit und Schlagzähigkeit aus. Er ist ohne Korrosionsschutz beständig gegen wäßrige Salzlösungen, Kraftstoffe, Schmiermittel und Öle. Das hochbelastete Bauteil fiel im Vergleich zu dem Vorgänger aus Stahl 42% leichter aus. Wegen der wirtschaftlicheren Fertigungsmethode (Spritzgießen) senkten sich die Kosten im Vergleich zum Vorgänger. Die Koppelstange – in den USA die erste Stabilisator-Verbindungsstange aus Kunststoff in einem Automobilfahrwerk – wurde 1994 in Detroit mit dem »Grand Award« der amerikanischen Society of Plastics Engineers (SPE) ausgezeichnet.

Thermoplast mit Glasfasern

Grand Award 1994

Ölbehälter für die Servolenkung

Eine wichtige Rolle spielt die Ölversorgung bei allen hydraulisch bewegten Komponenten im Fahrzeug. Bei der Fahrwerktechnik dreht es sich dabei insbesondere um Servolenkungen: Die Behälter versorgen die Pumpe und somit das Hydrauliksystem mit Öl (Abb. 33). Dabei sind die Anforderungen hoch, wie ein Blick auf einige Hauptkriterien beweist:

- Das System muß sich über den Ölbehälter befüllen lassen.
- Durch Entlüftung muß Unter- oder Überdruck im Fahrbetrieb vermieden werden.
- Der Ölstand läßt sich per Peil-, Sichtstab oder elektronischem Vorratsschalter überprüfen.
- Die Teile des Ölbehälters müssen absolut öldicht verschweißt sein und beim ersten Befüllen einen Unter- oder Überdruck (in der Regel etwa -0,5 bar bis +4 bar) aushalten.

Anforderungen

schleiß, gute Dämpfung sowie hohe Gleitfähigkeit sind die Eigenschaften des thermoplastischen Polyurethans (TPU), das beispielsweise auch als Werkstoff für Gleitlagerbuchsen oder Kugelschalen genommen wird (Abb. 31).

Koppelstange aus Kunststoff

Ein preisgekröntes Beispiel für ein Kunststoff-Bauteil, das im Simultaneous Engineering entstand: Automobilhersteller, Rohstoff-Lieferant und Automobil-Zulieferer entwickelten gemeinsam eine Koppelstange (Pendelstütze),

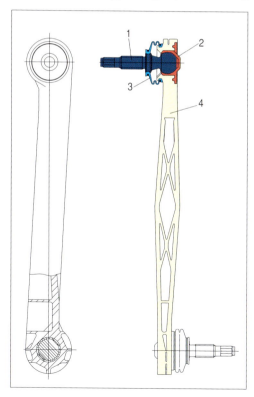

Abb. 32:
Koppelstange zum Stabilisator
1 Kugelzapfen
2 Lagerschale
3 Schutzbalg
4 Grundkörper

Bauteile für Schaltungen 47

- niedrigere Kosten,
- engere Toleranzen beim Zusammenbau (wegen der geringeren Anzahl an Einzelteilen),
- Korrosionsbeständigkeit.

Die im Vergleich zu anderen Fertigungsverfahren wesentlich größeren Gestaltungsfreiheiten geben dem Automobil-Zulieferer die Chance, in ein Bauteil mehrere Funktionen zu integrieren. Dabei handelt es sich zum Beispiel um Befestigungseinrichtungen oder Aufnahmekonturen, die sonst durch zusätzliche Schraub-, Schweiß- oder Nietvorgänge angebracht werden müßten. Gleichzeitig lassen sich komplexere Bauteile formen, die einfacher zu montieren sind.

Größere Gestaltungsfreiheiten

Wegen ihrer thermisch hohen Belastbarkeit und der steifen Konstruktion haben sich glasfaserverstärkte Kunststoffe bei Schaltkulissen, Lagertöpfen und Schalthebeln bewährt. Bei höheren Anforderungen an die Oberfläche, etwa bei Rückwärtsgangsperren oder Betätigungsgriffen, kommen unverstärkte Werkstoffe zum Zuge. Polyoxymethylen (POM) eignet sich besonders als Werkstoff für Gleitelemente wie Kugelschalen, wo vom Kunststoff hohe Präzision und gutes Gleitverhalten erwartet wird. Bei Dichtungen und Dämpfungslagern greifen Konstrukteure dagegen zu **t**hermo**p**lastischen **E**lastomeren (TPE). Geringer Ver-

Thermisch belastbar

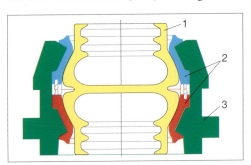

Abb. 31:
Lagerungseinheit
für Schalthebel
1 Lagerbuchse
 (TPU)
2 Lagerschalen
 (POM)
3 Lagerring (TPE)

Reibmomente im Toleranzbereich

Kugel in der Schale bewegt, sind hierfür sehr gute Gleiteigenschaften und geringer Verschleiß gefragt, die somit zu einem wartungsfreien Gelenk beitragen. Eine präzise Geometrie sorgt dafür, daß die Reibmomente der Gelenke im geforderten Toleranzbereich bleiben. Außerdem müssen sie sich elastisch gut verformen lassen, um eine Montage auf den Kugelzapfen (Verschnappen) zu ermöglichen. Dazu kommt die Forderung nach einer hohen Beständigkeit gegen Schmierstoffe und Temperatureinwirkungen.

Dichtungsbälge für Gelenke

Lebenslange Haltbarkeit

Die Dichtungsbälge an diesen Gelenken haben die Aufgabe, für die Lebensdauer sicher abzudichten und auf diese Weise eine lebenslange Haltbarkeit des gesamten Gelenks zu sichern. Verhindert wird das Eindringen von Schmutz und Wasser sowie das Austreten der Schmierstoffe. Wegen der Relativbewegung zwischen Kugelzapfen und Gehäuse kommen bei den Dichtungsbälgen dauerelastische und hochfeste Werkstoffe zum Einsatz. Diese Anforderungen gelten über den gesamten Temperaturbereich. Auch erschwerte Bedingungen wie Steinschlag oder Vereisung dürfen den Balg nicht beschädigen.

Bauteile für Schaltungen

Für Schaltungskomponenten aller Art nutzen Systemlieferanten zunehmend ausgeklügelte Kunststoff-Konstruktionen – vorwiegend auf Basis von Thermoplasten. Für Kunststoff-Lösungen sprechen etliche Pluspunkte wie

Vorteile

- weniger Einzelteile,
- deutliche Gewichtsreduzierung (bis zu 50 %),
- verbesserter Schaltungskomfort (siehe Kapitel »Vom Kreuzgelenk zur Schaltung«),

Von der Kugelschale zur Kunststoffbaugruppe

Thermoplastische Kunststoffbauteile sind heute bereits im Automobil je nach Fahrzeugtyp gewichtsmäßig zu rund 10 % vertreten. Das liegt daran, daß diese Kunststoffe in bezug auf Werkstoffeigenschaften und Verarbeitung enorme Potentiale besitzen, die sie auch für ausgewählte und hochbelastete Konstruktionen prädestinieren. Außerdem erfüllen thermoplastische Kunststoffe die Voraussetzungen für ein sehr effektives Recycling.

Hohes Verarbeitungspotential

Kugelschalen für Gelenke

Bauteile wie Kugelschalen oder Kugelhalbschalen spielen in Gelenken eine Schlüsselrolle, denn sie bilden die funktionelle Verbindung zwischen Gehäuse und Kugelzapfen (Abb. 30). Da sich die

Schlüsselrolle

Abb. 30:
Lagerschale für ein Kugelgelenk

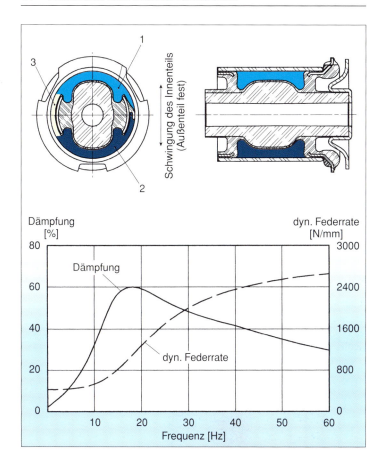

Abb. 29: Hydraulisch dämpfendes Querlenkerlager mit charakteristischen Kennlinien: 1 Arbeitsraum 1; 2 Arbeitsraum 2; 3 Verbindungskanal (Drossel)

Dämpfung, die der Konstrukteur für verschiedenste Einsatzfälle vorher bestimmen und auslegen kann (Abb. 29).

Anwendungsfälle im Kraftfahrzeug 43

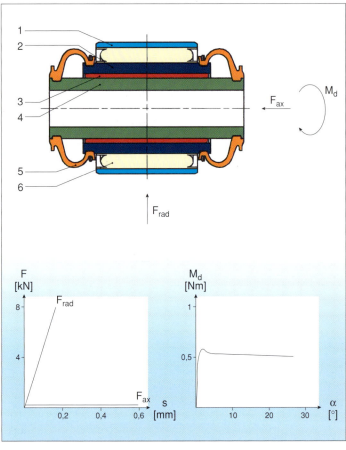

eine entsprechend gestaltete Öffnung (Drossel) miteinander verbunden sind. Beim Einfedern eines solchen Lagerelementes wird das Medium von dem einen in den anderen Arbeitsraum durch diese Öffnung gedrückt. Dank frequenzabhängiger und somit variierender Drosselwiderstände ergibt sich in Verbindung mit den elastischen Umfassungswänden des Gummielementes eine frequenzabhängige

Abb. 28:
Elastisches Drehgleitlager mit charakteristischen Kennlinien:
1 *Außenrohr*
2 *Zwischenhülse*
3 *Gleitlagerbuchse*
4 *Innenhülse*
5 *Dichtungsbalg*
6 *Elastomerkörper*

des Außenrohres. Die Lenkerlager nehmen in erster Linie radiale und bei Bedarf auch axiale Kräfte auf.

Gummitopf- und Gelenkscheiben: Negative Einflüsse auf den Komfort der Lenkung, etwa unangenehme Bewegungen, Vibrationen oder Geräusche, werden durch dementsprechende Elemente gedämpft. Gummitopfkupplungen dämpfen Torsionsschwingungen, die zwischen Lenkgetriebe und Lenkrad auftreten (Abb. 27). Treten zusätzlich dazu noch Hubschwingungen auf, werden nur Gelenkscheiben zur Dämpfung eingesetzt.

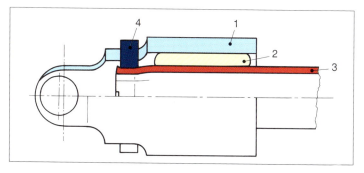

Abb. 27:
Gummitopfkupplung mit ± 8° Drehbewegung
1 Gehäuse
2 Elastomerkörper
3 Innenrohr
4 Drehwegbegrenzer

Speziallager: In Sonderfällen kommen elastische Gleitlager oder Gelenke sowie hydraulisch dämpfende Lager zum Einsatz. Ein elastisches Gleitlager verbindet dabei die Forderung nach bestem Handling mit minimalen Rückstellkräften bei Torsion (Verdrehung). Erreicht wird dies durch eine Abkopplung der Drehbewegung von der radialen Einfederung des Gummielementes (Abb. 28).

Bei hydraulisch dämpfenden Lagern, die für moderne Fahrwerke zunehmend an Bedeutung gewinnen, wird eine Stoßdämpferfunktion in das Gummimetallteil integriert. Es entstehen so in einem Lager zwei mit einer viskosen Flüssigkeit gefüllte Arbeitsräume, die durch

beziehungsweise mit dem Hilfsrahmen. Der Schwerpunkt ihrer Auslegung liegt auf der guten akustischen Entkopplung der Aggregate. Erschwerend kommt für die gesamte Auslegung des Lagers die hohe Umgebungstemperatur in seinem Bereich hinzu.

Hilfsrahmenlager: In Fahrzeugen werden häufig Motor oder Achsaufhängung mit Gummiverbundteilen auf einem Hilfsrahmen montiert. Diesen Hilfsrahmen verbinden wiederum Gummiverbundteile, sogenannte Hilfsrahmenlager, mit der Fahrzeugkarosserie. Mit dieser aufwendigen Konstruktion läßt sich eine sehr gute Schwingungs- und Geräuschisolierung erzielen.

Federbeinstützlager stützen das Fahrzeuggewicht ab und dämmen die Übertragung der Radabrollgeräusche in den Fahrzeuginnenraum. Durch das Abstimmen ihrer Kennlinien lassen sich das Fahrverhalten und der Komfort sehr stark beeinflußen (Abb. 26).

Abb. 26:
Einbaufertiges Federbeinstützlager für eine Vorderradaufhängung
1 Befestigungsbolzen
2 Elastomerkörper
3 Wälzlager für Lenkbewegung und Federbeinbefestigung

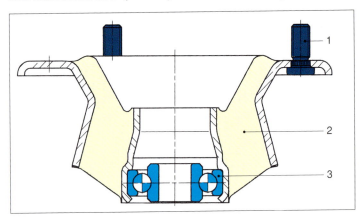

Lenker- und Koppelstangenlager werden in unterschiedlichster Bauart durch eine Pressverbindung montiert. Auslegen lassen sie sich durch Dimensionieren des Innen- oder auch

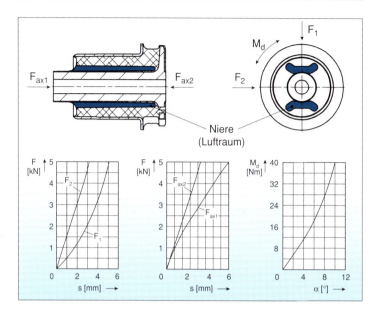

Abb. 25:
Gummiverbundteil
mit Federkennlinien
für eine Hinterachse
F : Kraft
M_d: Drehmoment
s : Gummiverformung in Kraftrichtung
α : Gummiverdrehung durch Drehmoment

Dämmeigenschaften der Gummiverbundteile wird die Weiterleitung des Körperschalls in den Verbindungspunkten reduziert und führt zur gewünschten Geräuschisolierung.

Diese vier Aufgaben besitzen bei der Auslegung eines Teils unterschiedliche Wertigkeiten. Gemeinsam mit dem Fahrzeughersteller wird für den jeweiligen Anwendungsfall die beste Lösung erarbeitet.

Anwendungsfälle im Kraftfahrzeug

Gummiverbundteile lassen sich wegen ihrer Vielzahl von Anwendungsmöglichkeiten nicht eindeutig in bestimmte Gruppen einteilen, so daß nur eine grobe Strukturierung möglich ist:

Motor- und Getriebelager verbinden den Motor oder das Getriebe mit der Karosserie

Aufgaben und Funktionen 39

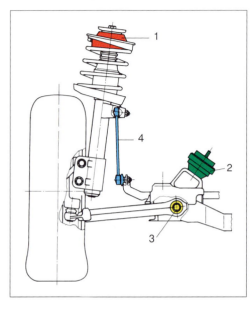

Abb. 24:
Mac-Pherson-Vorderradaufhängung
1 Federbeinstützlager, Verbindung Federbein/Karosserie
2 Motorlager, Verbindung Hilfsrahmen/Motor
3 Lenkerlager, Verbindung Hilfsrahmen/Querlenker
4 Koppelstange, Verbindung Federbein/Stabilisator

Teile zueinander. Bei modernen Fahrzeugen wird durch diese gezielten Bewegungen der Radaufhängung das Fahrverhalten optimiert (Abb. 25).

Das Gummiverbundteil *dämpft Schwingungen*, z.B. von Fahrbewegungen dank seiner elastischen Verformbarkeit und sorgt so für eine annähernd schwingungsfreie Fahrgastzelle. Um Schwingungen von Komponenten wie Motor und Getriebe im Fahrzeuginneren zu dämpfen, werden die Aggregate über Gummiverbundteile am Rahmen befestigt.

Mechanische Verbindungselemente (zum Beispiel Schrauben oder Niete) sowie Schweißverbindungen leiten den Körperschall annähernd ungedämmt weiter. Die Fahrzeuginsassen registrieren diese Schallschwingungen etwa als Radroll-, Getriebe- oder Motorgeräusch. Durch die wesentlich besseren

pen entwickelt. Diese künstlichen Werkstoffe ergänzen in vielen Fällen die Eigenschaften des Naturkautschuks und können als Verschnitt oder als reiner Synthesekautschuk eingesetzt werden.

Fertigungsprozeß
Zur Herstellung von Gummiverbundteilen sind Bauteile und Rohgummi für den weiteren Bearbeitungsprozeß sorgfältig vorzubereiten. In unterschiedlichen Verfahren wird der Gummi unter den Parametern Zeit, Temperatur und Druck vulkanisiert. Gleichzeitig kommt es dabei zu einer dauerhaften Verbindung mit dem Bauteil. Nach der Vulkanisation folgen Nachbearbeitung, Montage und Korrosionsschutz. Je nach Größe der Gummiverbundteile können bis zu 100 Teile auf einmal vulkanisiert werden.

Vulkanisierung (marginal)

Aufgaben und Funktionen

Die Hauptfunktionen eines Gummiverbundteils im Automobil sind:

Funktionen (marginal)

- Verbinden von Komponenten und Aggregaten
- Ausüben von definierten Bewegungen
- Dämpfen von Schwingungen
- Dämmen von Körperschall

Bei normaler Beanspruchung sind die Gummiverbundteile für die Lebensdauer eines Fahrzeuges ausgelegt. Gegen gelegentliche Überbeanspruchung sind sie relativ unempfindlich. Sie *verbinden Komponenten und Aggregate*: etwa ein Federbeinstützlager mit der Karosserie oder einen Querlenker mit dem Fahrzeugaufbau (Abb. 24). Hierbei erlauben sie aufgrund der Werkstoffeigenschaften des Elastomers und der konstruktiven Gestaltung *definierte Bewegungen* der zu verbindenden

Vom Latex zum Gummiverbundteil

Um Umwelt und Mensch zu schonen, werden Automobile leiser, komfortabler und sicherer. Im Zuge der Verbesserungen am Geräusch-, Schwingungs- und Sicherheitsverhalten sind Gummiverbundteile, die eine bewegliche Verbindung von Aggregaten und Bauteilen ermöglichen, nicht mehr wegzudenken. Sie können unter Krafteinwirkung durch entsprechende Verformung Energie abbauen und somit zum optimalen Fahrgefühl beitragen.

Energie abbauen

Gummiwerkstoff

Aus dem Naturprodukt Latex wird nach Koagulation (Ausflockung) der Rohkautschuk gewonnen, aus dem zusammen mit Zuschlagstoffen der Gummi (auch Elastomer genannt) entsteht. Der Begriff Kautschuk kommt aus Südamerika. Der Baum, von dem der Grundwerkstoff Latex stammt, wird »cahuchu« (»tränendes Holz«) genannt.

Tränendes Holz

Die Entwicklung entsprechender Knetverfahren (Mastikation), das Erarbeiten der Grundlagen der Vulkanisation (1823 Thomas Hancock, 1844 Charles Goodyear) und das Hinzufügen von Ruß, Öl und anderen Stoffen ermöglichte die Herstellbarkeit des Gummis. Die Anfang des Jahrhunderts gefundene direkte Bindungsmöglichkeit von Gummi an Messing und später an Stahl, Kunststoff sowie Aluminium unter Verwendung von Bindemitteln führte zu ungeahnten Einsatzmöglichkeiten.

Diverse Einsatzmöglichkeiten

Neben den aus Naturprodukten hergestellten Werkstoffen wurden parallel, basierend auf Erdöl, verschiedene synthetische Kautschukty-

Die Bibliothek der Technik
Band 152

Komponenten für Fahrwerk und Lenkung

Vom Einzelteil zum System

Nikolaus Fecht

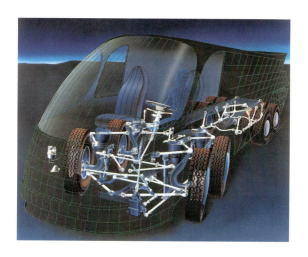

verlag moderne industrie

Dieses Buch wurde mit fachlicher Unterstützung
der Lemförder Fahrwerktechnik AG & Co.,
insbesondere der Herren W. Kleiner, V. Grube, P. Westphal,
B. Schäfer, Dr. M. Ersoy, K. Kramer, K. Wagener, R. Richter
erarbeitet.

Die Deutsche Bibliothek – CIP-Einheitsaufnahme

Fecht, Nikolaus:
Komponenten für Fahrwerk und Lenkung : vom Einzelteil
zum System / Nikolaus Fecht. [Lemförder]. –
Landsberg/Lech : Verl. Moderne Industrie, 1997
 (Die Bibliothek der Technik; Bd. 152)
 ISBN 3-478-93175-4

© 1997 Alle Rechte bei
verlag moderne industrie, 86895 Landsberg/Lech
Abbildungen: Nr. 1 (oben): Vereinigte Fachverlage, Mainz;
Nr. 1 (unten): Daimler-Benz; Nr. 2: Deutsches Patentamt;
Nr. 15: INA, Herzogenaurach; Nr. 18: VOLVO; Nr. 21 FORD;
Nr. 34: OPEL; Nr. 42: ZF, Friedrichshafen; Nr. 43 Daimler-Benz;
alle übrigen: Lemförder Fahrwerktechnik
Satz: abc Media-Services, Buchloe
Druck und Bindung: Ludwig Auer, Donauwörth
Printed in Germany 930175
ISBN 3-478-93175-4

Inhalt

Aus der Geschichte des Fahrgestells	4

Vom Kugelgelenk zum Lenker   6

Kugelgelenke (6) – Gelenkfunktion und Produktion (8) – Radgelenke (8)
Lenkungsgelenke (12) – Koppelstangen-Gelenke (14) – Anforderungen
an Kugelgelenke (15)

Vom Kreuzgelenk zur Lenkung   20

Kreuzgelenke (20) – Funktion der Lenksäule (22) – Lenkwelle (23)
Lenksäulen-Verstellung (25) – Lenksäule mit Diebstahlschutz (26)
Komfort (28) – Schutz vor Crash-Folgen (29)

Vom Gelenk zur Schaltung   31

Schaltungen für manuelle Getriebe (33) – Schaltungen für Automatikgetriebe (34)

Vom Latex zum Gummiverbundteil   37

Gummiwerkstoff (37) – Aufgaben und Funktionen (38) – Anwendungsfälle im Kraftfahrzeug (40)

Von der Kugelschale zur Kunststoffbaugruppe   45

Kugelschalen für Gelenke (45) – Dichtungsbälge für Gelenke (46)
Bauteile für Schaltungen (46) – Koppelstange aus Kunststoff (48)
Ölbehälter für die Servolenkung (49) – Substitution und Leichtbau (51) – Systementwicklung mit durchgängigem Rechnereinsatz (52)

Vom Pkw zum Nutzfahrzeug   54

Achsführungslenker (55) – Radführungslenker (57) – Lenksäulen (58)
Lenkgestänge (60) – Lenkschubstange (61) – Lenkspurstange (62)
Anforderungen an Lenkungsgelenke (62) – Schaltungen für Nutzfahrzeuge (63)

Ausblick   65

Fachbegriffe   68

Der Partner dieses Buches   71

Aus der Geschichte des Fahrgestells

Die Bedeutung des Fahrgestells beschrieb vor 90 Jahren Karl Blau in »Das Automobil – Eine Einführung in den Bau des heutigen Personenkraftwagens«: »Das Fahrgestell baut sich aus den Wagenrädern mit dem federnd aufgesetzten Stahlrahmen auf, der den Motor mit allem Zubehör für die Übertragung und den regelmäßigen Betrieb aufnimmt.«

Federnder Stahlrahmen

An der Aufgabe hat sich nicht viel geändert, nur die Ansprüche haben sich enorm gewandelt. Das Automobil des ausklingenden zweiten Jahrtausends soll bei jeder Fahrbahnbeschaffenheit, jedem Fahrzustand, jedem Wetter und jedem Fahrstil die technisch höchste Sicherheit bei größter Bequemlichkeit und Ergonomie bieten. Eine wichtige Rolle spielen dabei die Bauteile des Fahrwerkes und der Lenkung: die Gelenke, die im Laufe der Zeit zu Fahrwerkskomponenten weiterentwickelt wurden (Abb. 1).

Gelenke und Komponenten

Im ersten Kapitel lernen Sie den deutschen Ingenieur Fritz Faudi kennen, dessen Kugelgelenke uns komfortablere Radaufhängungen bescheren. Danach geht es um Lenkungen, bei denen Leser und Leserin unter anderem erfahren, was das Kreuzgelenk mit einem italienischen Mathematiker und der Uhr zu tun hat. Es folgen Bauteile, die auf den ersten Blick mit dem Fahrwerk und der Lenkung nicht direkt zu tun haben. Für manuelle oder automatische Schaltungen bildet die Gelenktechnik jedoch die Grundlage. Wie »tränendes Holz« den Komfort beim Fahren erheblich verbessert, dokumentieren dann die Gummiverbundteile. Um den Vormarsch der Kunststoffe geht es im nächsten Kapitel.

Mehr Komfort

Aus der Geschichte des Fahrgestells

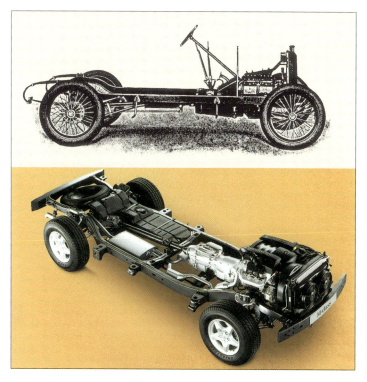

Abb. 1:
Fahrgestell aus dem Jahr 1906 (oben)
Modernes Fahrgestell von 1997 (unten)

»Vom Pkw zum Nutzfahrzeug« lautet das abschließende Schwerpunktthema: Bewußt erhielten Lkw und Busse ihr eigenes Kapitel, denn hier geht es um die Auswirkungen ganz anderer Rahmenbedingungen – von höheren Gewichten, extremen Einsatzarten bis hin zu den deutlich längeren Laufzeiten.

Am Schluß steht der Ausblick: Dort stellen wir vor, wie es künftig weitergehen könnte. Dabei gehen wir auf die Zukunftstrends des Fahrzeugbaus ein: vom erhöhten Umweltschutz über zunehmende Komfortansprüche bis hin zur Übertragung der Verantwortung auf den Zulieferer.

Umweltschutz

Vom Kugelgelenk zum Lenker

Kugelgelenke

Bei einer Umfrage zum Thema Pioniere und Erfinder der Automobilindustrie fielen gewiß Namen wie Benz, Otto oder Diesel. Fritz Faudi würde dagegen sicherlich nicht genannt. Das ist nicht weiter verwunderlich, denn selbst

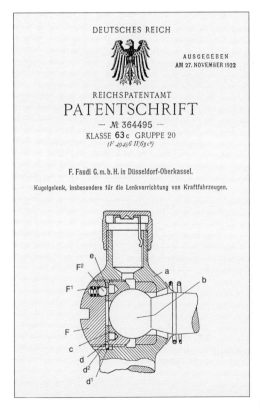

Abb. 2:
Erstes Patent für ein Kugelgelenk in der Lenkanlage

Kugelgelenke 7

in den Fachbüchern zur Automobiltechnik tauchen der deutsche Ingenieur und seine 1922 patentierte Erfindung für Lenkvorrichtungen kaum auf (Abb. 2).

Die Rede ist vom Kugelgelenk. Es besteht im Prinzip aus einer Kugel mit Zapfen, die in einem Gehäuse mit Lagerschalen ruht. Bekannt war diese Konstruktion schon vor 1922 in Betätigungsgestängen für Vergaser und Zündverstellung. Die eigentliche Leistung Faudis bestand darin, es für den wesentlich anspruchsvolleren Einsatz in Spur- und Schubstangen zur Fahrzeuglenkung zu modifizieren. Für dieses Bauteil sprach seine Robustheit und Präzision.

Einen Schub brachte ein Patent aus dem Jahre 1952 für das wartungsfreie Kugelgelenk. Sein großer Vorteil für den Kundendienst ist, daß es nicht mehr nachgeschmiert werden mußte. Ab Mitte der 60er Jahre ersetzten die wartungsfreien Kugelgelenke die bisherigen, regelmäßig abzuschmierenden Radialgleitlager mit Bronze-Gleitbüchsen in den Radaufhängungen (Abb. 3). Neben der Wartungsfreiheit sprach

Kugel mit Zapfen

Abb. 3:
Links: Achsschenkel eines Pkw mit Gleitbuchsen (1–4), Gleitscheiben (5 u. 6) und Axiallager (7)
Rechts: Achsschenkel mit Kugelgelenken (8 u. 9)

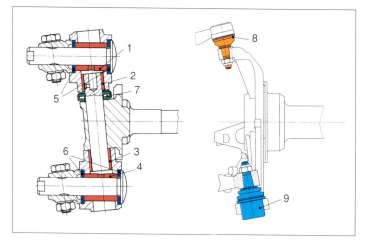

8 Vom Kugelgelenk zum Lenker

Präzision und Leichtgängigkeit

vor allem die Gelenkigkeit für das Kugelgelenk, denn es ersetzte dank seiner dreh- und kippbaren Beweglichkeit in allen drei Ebenen die bisherige Vielzahl an Radialgleitlagern, bei denen für jede Ebene ein bis zwei Gleitlager eingesetzt werden mußten. Den eigentlichen Durchbruch für das Kugelgelenk brachte der Trend zu immer höheren Fahrgeschwindigkeiten und dem daraus folgenden Zwang, exakte und leichtgängige Radführungen und Lenkungen für ein sicheres Fahrverhalten zu erreichen.

Gelenkfunktion und Produktion

Funktion durch Zusammenwirken der Teile

Ein hohes Qualitätsniveau auf der Basis »Null Fehler« zählt dabei zu den Standardvoraussetzungen. Die Funktion des Gelenks wird erreicht durch das Zusammenwirken der Elemente Kugelzapfen, Schmierstoff, Kugelschale, Gehäusekontur, Verschlußdeckel und dem Dichtungsbalg. Bei Großserienfertigung ist ein verketteter, prozeßsicherer Ablauf die Basis für stets gleichbleibende Qualität entsprechend dem »Null Fehler«-Anspruch.

Jeder Einsatzort stellt ganz spezielle Anforderungen an das Kugelgelenk. Dabei kam es im Laufe der Entwicklungsgeschichte zu einer groben Einteilung der Kugelgelenkarten:

- Gelenke zur Radaufhängung,
- Gelenke in Lenkanlagen,
- Gelenke in Koppelstangen.

Radgelenke

Lenkbarkeit

Der Name weist auf den Einbauort in der Radaufhängung hin, nämlich in unmittelbarer Nähe des Rades. Räder werden dank der Radgelenke lenkbar. Ihre Lage bestimmt die Kinematik. Aufgrund der Bauart können Kugelgelenke keine Drehmomente übertragen. Sie führen beim Lenken und Einfedern der Räder nur Dreh- und Kippbewegungen aus.

Traggelenke

Das Traggelenk wird eingebaut in das Bauteil, das die Federkräfte vom Chassis zum Rad weiterleitet (Abb. 4). Das Traggelenk nimmt das statische Fahrzeuggewicht der jeweiligen

Tragkraft

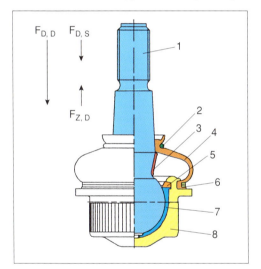

Abb. 4:
Traggelenk
(Einpressgelenk)
1 Kugelzapfen
2 Rundspannring
3 Stützring
4 Dichtungsbalg
5 Haltering, verrollt
6 Flachspannring
7 Lagerschale
8 Gehäuse mit Bund
Kräfte, die am
Zapfen wirken:
$F_{D,S}$: statische
 Druckkraft;
$F_{D,D}$: dynamische
 Druckkraft;
$F_{Z,D}$: dynamische
 Zugkraft

Radseite auf. Zusätzlich trägt es die während der Fahrt entstehenden dynamischen Kräfte. Diese können bis zum Mehrfachen des statischen Fahrzeuggewichtes ansteigen. Sie treten als Zug- oder Druckkräfte in Zapfenrichtung auf, wobei die Zugkräfte wesentlich kleiner sind als die Druckkräfte.

Zug- oder Druckkräfte

Führungsgelenke

Eingebaut wird das Führungsgelenk zum Beispiel bei Doppelquerlenker-Achsen in den

10 Vom Kugelgelenk zum Lenker

Abb. 5:
Führungsgelenk als
Flanschgelenk
1 Gehäuse mit
Flansch
2 Verschlußdeckel,
übrige Teile wie bei
Traggelenk
Kräfte, die auf das
Gelenk einwirken:
F_B: Bremskräfte
F_A: Anfahrkräfte
F_R: Radführungskräfte

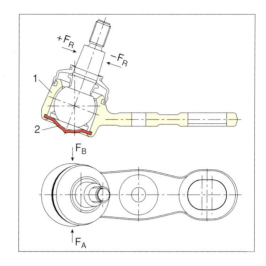

Kräfte am Rad

Lenker, der nicht durch die Fahrzeugfeder belastet wird. Das Führungsgelenk übernimmt alle Kräfte, die quer zum Zapfen eingeleitet werden: also Brems-, Beschleunigungs- und Radführungskräfte. Je nach Art der Radaufhängung muß auch das Traggelenk diese Kräfte zusätzlich aufnehmen (Abb. 5).

Lenker

Doppelt gelenkig

Lenker sind die Bauteile in der Radaufhängung eines Fahrzeuges, die den Radträger mit der Karosserie verbinden. In der Grundform besitzen Lenker zwei Gelenke: ein Kugelgelenk radseitig und zum Beispiel ein Gummigelenk karosserieseitig. Bei der Variante Dreieckslenker kommen radseitig (Spitze des Dreiecks) in der Regel ein Kugelgelenk und an der Rahmenseite (Grundseite des Dreiecks) zwei Gummigelenke zum Einsatz.

Einbauarten der Gelenke

Das Radgelenk kann auf verschiedene Weise mit dem Lenker verbunden werden. Die unterschiedlichen Einbauarten üben keinen Einfluß auf die Gelenkfunktion aus.

Als Einpreßgelenk sitzt es nach dem Einpressen mit seinem Gehäuse stabil in der Aufnahme am Querlenker oder Achsschenkel. Die Hauptbelastung wird durch den Bund und den Preßsitz übertragen. Die Einpreßkraft darf nicht zu hoch ausfallen, weil sonst das Gehäuse deformiert und die zulässigen Reibmomente des Gelenks überschritten werden. In Sonderfällen kommen zusätzlich Ringmuttern oder Sicherungsringe zur Befestigung an ihrer Aufnahme hinzu. Vorteil des Einpreßgelenks ist die einfache und schnelle Montage.

Eingepreßt

Als Flanschgelenk wird es exakt in der gewünschten Position am Lenker fixiert und mit Schrauben oder Niete befestigt (siehe auch Abb. 5). Der Vorteil dieses Gelenks besteht darin, daß sich der Sturz des Rades einfach und kostengünstig justieren läßt.

Verschraubt

Beim integrierten Gelenk ist das Gelenkgehäuse direkt am Lenker angeformt, wodurch sich eine preiswerte und platzsparende Leichtbaulösung ergibt. Die übrigen Gelenkteile müssen allerdings auf den Lenkerwerkstoff wie Aluminium oder Stahl abgestimmt werden. In diesem Fall ist ein Qualitätsfaktor besonders wichtig: Damit ein teurer Komplettaustausch des Lenkers wegen Verschleiß des Gelenks nicht nötig wird, muß der Zulieferer die integrierte Ausführung für ein »Fahrzeugleben« vollständig wartungsfrei entwickeln und bauen (Abb. 6).

Integriert

Das *Gummigelenk* mit Metallaußenring wird in die Gelenkaufnahme eingepreßt. Auftretende Axialkräfte müssen vom Preßsitz aufgenommen werden, so daß ein Verrutschen des Gelenks in der Aufnahme in jedem Fall verhindert wird. Gummigelenke ohne Außenring werden bei der Montage mit einem Gleitmittel benetzt und über einen Trichter in die Gelenk-

Mit und ohne Außenring

12 Vom Kugelgelenk zum Lenker

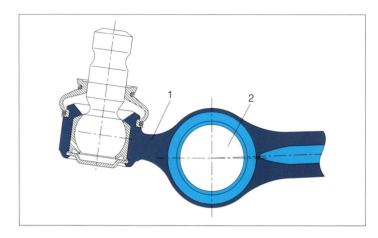

Abb. 6:
Führungsgelenk als integriertes Gelenk
1 Querlenker mit angeformtem Gelenkgehäuse
2 Aufnahme für den Stabilisator o.ä.

aufnahme eingedrückt. Axialkräfte werden über einen Bund des Gummilagers abgestützt (siehe Abb. 35, S. 54).

Lenkungsgelenke

Kugelgelenke spielen nicht nur tragende oder führende Rollen, sondern werden auch im Lenkstrang eingesetzt. Sie sitzen an den Enden der Lenkstangen, die die Kräfte und Bewegungen vom Lenkgetriebe auf die Vorderräder übertragen.

Zwei Gelenkarten kommen zum Einsatz:

- Axialgelenk
- Radialgelenk.

Das *Axialgelenk* überträgt Kräfte überwiegend in Zapfenrichtung. Um dies auch in Richtung der Montageöffnung zu ermöglichen, wird das Gehäuse im Öffnungsbereich nach Montage von Lagerschale und Kugelzapfen kalt umgeformt. Die Umformung ist so zu steuern, daß das geforderte Reibmoment eingehalten wird.

Das *Radialgelenk* entspricht in seinem Aufbau dem Führungsgelenk, die Bauform fällt jedoch der geringeren Belastung wegen entsprechend kleiner aus (Abb. 7).

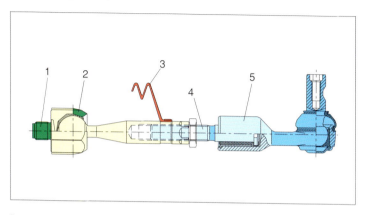

Abb. 7:
Spurstange mit Axial- und Radialgelenk
1 Gewindezapfen zur Befestigung an der Zahnstange
2 kalt umgeformter Bereich des Gehäuses vom Axialgelenk
3 Dichtungsbalg für Axialgelenk und Lenkgetriebe
4 Verstellgewinde mit Kontermutter
5 Dämpfungselement am Radialgelenk

In modernen Pkw finden sich ausschließlich Zahnstangenlenkungen, an denen je Seite eine Lenkspurstange befestigt wird. Sie besteht aus einem Axial- und einem Radialgelenk, die durch ein Verstellgewinde miteinander verbunden sind. Über einen Gewindezapfen an seinem Gehäuse wird das Axialgelenk mit der Zahnstange verschraubt. Das Verstellgewinde ermöglicht ein Einstellen der Vorspur der Räder. Nach Einstellung wird das Gewinde über eine Kontermutter oder ein Klemmelement arretiert, damit sich die Spur nicht mehr verstellen kann.

Bei anderen Lenkungsarten (zum Beispiel der Kugelumlauflenkung) werden die beiden Spurstangen über eine Mittelstange verbunden (siehe Abb. 43, S. 62).

Besonders hohen Beanspruchungen sind die Lenkspurstangen in Fahrzeugen mit Servolenkung ausgesetzt. Die Servolenkung ermöglicht es, bei einem direkt am Bordstein geparkten Fahrzeug die Räder im Stand zu lenken. Dies

14 Vom Kugelgelenk zum Lenker

wäre ohne Servounterstützung nur sehr kräftigen Menschen möglich. Die Druck- beziehungsweise Zugkräfte steigen hierbei bis zu 25 000 N an (das entspricht einer »Krafteinwirkung« von etwa 2,5 t), was allenfalls zu einer Elastizitätszunahme in der Kugelschale führen darf.

Noch höhere Kräfte treten bei Unfällen auf, wenn zum Beispiel ein Rad gegen den Bordstein oder die Leitplanke prallt. Hierbei muß sich die Spurstange verformen, um andere lebenswichtige Bauteile wie Lenkgetriebe oder Gelenkzapfen vor Bruch zu schützen.

Spurstange muß sich verformen

Deshalb wird die Lenkspurstange in der Regel so ausgelegt, daß sie vor Erreichen der Bruchlast der Gelenkzapfen ausknickt. Auf diese Weise wird der Gelenkzapfen sofort entlastet. Die Knicklast wird berechnet und im Versuch überprüft. Eine verbogene Lenkspurstange bemerkt der Fahrer wegen der geänderten, schiefen Lenkradstellung und der ungewöhnlichen Stellung der Vorderräder.

Knicklast

Koppelstangen-Gelenke

Die Koppelstange (auch Pendelstütze genannt) verbindet zum Beispiel den Stabilisator mit der Radaufhängung und überträgt dabei die Kräfte beim Ein- und Ausfedern eines Rades (siehe Abb. 24). In der Regel kommen zwei Gelenke zum Einsatz, deren Gehäuse miteinander verbunden sind.

Verbundene Gehäuse

An Gelenke für Koppelstangen werden weitaus niedrigere Ansprüche gestellt als an die bereits behandelten Gelenke, weil oft die Forderungen der Automobilhersteller – zum Beispiel an Elastizität oder Reibmoment – geringer ausfallen. Deshalb läßt sich der Aufbau der Axial- und Radialgelenke einfacher und kostengünstiger gestalten. In das als Stahlring ausgebildete Gehäuse wird die Lagerschale

mit Kugelzapfen eingedrückt und per Schnappnasen arretiert. Alternativ dazu kann der Lagerschalenbund nach dem Eindrücken per Ultraschall umgeformt werden (Abb. 8).
Je nach Konzept des Herstellers oder Bauraumanforderungen lassen sich Axial- und Radialgelenk beliebig kombinieren. Für spezielle Anforderungen können direkt Lenkungsgelenke gewählt werden. Gummigelenke anstelle von Kugelgelenken sind ebenfalls üblich.

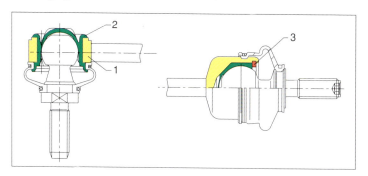

Die Gelenkbauteile Kugelschale und Dichtungsbalg sind für die Funktion von Kugelgelenken besonders wichtig. Sie werden im Kapitel »Von der Kugelschale zur Kunststoffbaugruppe« exemplarisch beschrieben.

Abb. 8:
Koppelstange mit Radial- (links) und Axialgelenk (rechts)
1 Stahlring-Gehäuse
2 Lagerschale durch Ultraschall umgeformt
3 Haltering, verrollt

Anforderungen an Kugelgelenke

Vor der Entwicklung eines neuen Kugelgelenks entsteht in enger Abstimmung zwischen dem Automobilhersteller und dem Zulieferunternehmen das sogenannte Pflichtenheft. Die Anforderungen fallen dabei teilweise sehr hoch aus, denn Kugelgelenke zählen zu den Sicherheitsteilen im Fahrzeug, von denen im wahrsten Sinne des Wortes »Leib und Leben« der Fahrzeuginsassen abhängen. Zu den typischen Vorgaben zählen:

16 Vom Kugelgelenk zum Lenker

- Lage der Kugelmittelpunkte im Raum,
- Zapfenbeugewinkel anhand der Gehäuse- und Zapfenbewegung (abgeleitet aus der Radbewegung),
- Mindestabstand zu benachbarten Fahrzeugkomponenten,
- Gelenkeinbauart,
- Gelenkbelastung (Dauer, Frequenz) bei bestimmten extremen Fahrsituationen,
- Temperaturspektrum (je nach Vorgaben der Automobilindustrie im Bereich –40 °C bis +140 °C),
- Reibmomentverhalten in Abhängigkeit von Temperatur und Belastung (Abb. 9),
- Verschleiß- und Korrosionsverhalten,
- Umweltverträglichkeit,
- Fertigungsqualität (Null-Fehler-Philosophie),
- Kosten- und Gewichtsgrenzen,
- Mindestlebensdauer,
- Bruchsicherheit in Unfallsituationen.

Abb. 9:
Charakteristischer
Reibmomentverlauf
als Funktion der
Temperatur

Anhand dieser Anforderungen wird die Gelenkgeometrie entworfen und die Werkstoffauswahl der Einzelteile vorgenommen. Gefragt sind dabei wegen ihrer hohen Belastbarkeit hochwertige Werkstoffe und wegen des

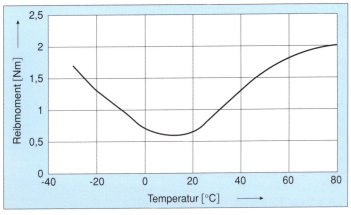

guten Gleitverhaltens moderne Lagermaterialien aus Kunststoff.

Besondere Aufmerksamkeit widmet der Entwickler der Zapfenaustrittsöffnung, die bei großen Kippwinkeln an dazu senkrechten Stellen kleiner sein muß als der Kugeldurchmesser, um die Kugel vor dem Herausreißen bei großen Kräften zu schützen. Der Fachmann spricht hier von metallischer Überdeckung.

Zapfenaustrittsöffnung

Ein weiteres wichtiges Kriterium ist das Temperaturspektrum: Große Hitze muß beispielsweise das Axialgelenk der Lenkspurstange verkraften, da es direkt an der Zahnstange sitzt. Selbst bei extremen Temperaturen von −40 °C und 140 °C darf sich das Reibmoment des Gelenks nicht wesentlich verändern, da sonst die Leichtgängigkeit der Lenkung und somit der selbsttätige Rücklauf in Geradeausfahrt nach einer Kurve beeinträchtigt wäre.

Temperatur

Typische Angaben für das Verschleiß- und Ausfallverhalten legen etwa fest, daß 90 % der Teile mindestens 150.000 Fahrkilometer im Versuchsbetrieb überstehen müssen.

Verschleißverhalten

Umweltverträgliche Entwicklung bedeutet unter anderem, daß bei der Oberflächenbehandlung keine giftigen Stoffe zum Einsatz kommen. Außerdem sollten alle Bauteile recycelbar sein.

Vom Schmierstoff wird gefordert, daß er über das gesamte Temperaturintervall seine Schmierfähigkeit behält und Rostschutz gegen Schwitzwasser bietet.

Konstruktiver Leichtbau sorgt schließlich für das Erreichen der Kosten- und Gewichtsziele. Damit die Funktion im Serieneinsatz gesichert ist, setzen Entwickler bereits in der Konstruktionsphase auf Methoden wie Design of Experiment (DoE), Fehler-Möglichkeits- und Einfluß-Analyse (FMEA) Finite-Element-Methode (FEM) (Abb. 10). Versuche auf Prüf-

Konstruktiver Leichtbau

18 Vom Kugelgelenk zum Lenker

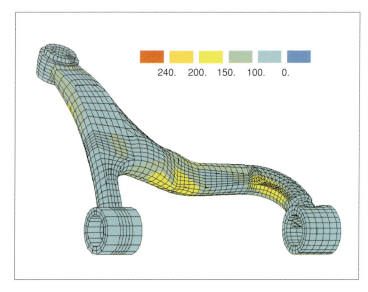

Abb. 10: Spannungsanalyse eines Querlenkers durch FEM. Die Farbskala zeigt die auftretende Beanspruchung für den untersuchten Belastungsfall (rot: überlastet).

ständen weisen das Einhalten der vereinbarten Pflichtenheft-Vorgaben nach.

In Kugelgelenken werden heute Kugelzapfen verwendet, die in ihrer Grundform vom Draht gepreßt werden, wobei vom zylindrischen Drahtstück bis zum Zapfenrohling mehrere Preßstufen nötig sind. Der Preßrohling wird mechanisch bearbeitet, im Kugelbereich geglättet und im Bereich der Befestigung mit einem gerollten Gewinde versehen.

Oberflächenschutz

Für diese einteilige Konzeption wird heute vermehrt ein Oberflächenschutz gefordert, wobei die Kugel abgedeckt werden muß. Diese Forderung kombiniert mit vermindertem Zerspanungsvolumen am Zapfen hat die Entwicklung des zweiteiligen Kugelzapfens forciert (Abb. 11).

Ein spanlos geformter Adapter mit gerolltem Außengewinde kann komplett einen Oberflächenschutz erhalten.

Anforderungen an Kugelgelenke 19

Adapter und Zapfenkugel miteinander verpreßt und gegebenenfalls axial gesichert, ergeben einen Kugelzapfen mit seinen bekannten Funktionen, erweitert um den geforderten Oberflächenschutz.

*Abb. 11:
Zweiteiliger
Kugelzapfen*

Vom Kreuzgelenk zur Lenkung

Kreuzgelenke

Die Arbeitsweise des Kreuzgelenks beschreibt bereits vor über 400 Jahren der italienische Mathematiker Geronimo Cardano, der auch die später nach ihm benannte kardanische Aufhängung für Uhren und Kompasse erfand. Seinen Siegeszug feierte das Kreuzgelenk (auch Kardangelenk genannt) erst im 20. Jahrhundert in Wellen für den Fahrzeugantrieb. Das heißt: Übertragen werden Drehmoment und Drehzahl.

Kardanische Aufhängung

Wegen der Weiterentwicklung in der Chassis-Technologie vom Leiterrahmen zur selbsttragenden Karosserie, der Standardisierung von Rechts- und Linkslenker-Fahrzeugen sowie zur Verbesserung der Ergonomie im Fahrzeug mußte die früher einmal starre Lenkwellenanordnung »gebeugt« werden (siehe Abb. 1 oben, S. 5). Dazu kamen zunächst die bereits verfügbaren Antriebsgelenke zur Anwendung. Später wurden sie jedoch in Größe und Präzision an die Forderung einer Lenkanlage angepaßt. Heute gibt es außer dem kardanischen Prinzip kaum noch vergleichbare Ausführungen in Antriebs- oder Lenkungskonzepten.

Gebeugte Lenkwellenanordnung

Bei den heutigen Kreuzgelenken im Lenkungsstrang handelt es sich um wartungsfreie und spielfreie, nicht demontierbare Einheiten, die unter Beugewinkeln bis etwa 50° funktionieren. Je nach Anforderung werden die Gelenkgabeln aus Stahl geschmiedet oder aus Stahlblech gepreßt sowie aus gepreßtem oder extrudiertem Aluminium hergestellt. Die Gelenkkreuze sind aus Stahl fließgepreßt. Die

Wartungsfreie Einheiten

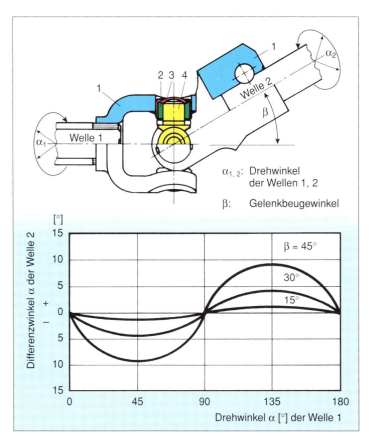

korrosionsgeschützten Nadelhülsen werden mit Dichtungen und Fetten in Standard- oder Hochtemperaturausführung bestückt (Abb. 12 oben).

Die Präzision dieser Bauteile spiegelt die derzeit kleinste im Lenkungsstrang verwendete Nadelhülse wider: Sie besitzt einen Außendurchmesser von 15 mm, einen Nadeldurchmesser von 1,5 mm sowie eine Nadelhülsen-Blechdicke von 1 mm.

Abb. 12:
Abgewinkeltes
Kreuzgelenk mit
Diagramm der auftretenden Ungleichförmigkeit
1 Gelenkgabeln
2 Lagernadeln
3 Nadelhülse
4 Gelenkkreuz

2 Kreuzgelenke in einem Strang

Kreuzgelenke müssen hierbei so angeordnet werden, daß ihre durch die Bauart bedingten Ungleichförmigkeiten (Abb. 12 unten) weitgehend kompensiert werden. Dazu müssen immer zwei Kreuzgelenke in einem Strang angeordnet werden. Die Ungleichförmigkeit wird vollständig kompensiert, wenn die Beugewinkel beider Gelenke gleich groß sind.

Erläuterung zu Abb. 12: Bei einem Beugewinkel $\beta = 45°$ und einem Drehwinkel der Welle 1 von $\alpha = 45°$ hat sich Welle 2 nur um $\alpha = 36°$ weitergedreht. Die Ungleichförmigkeit (Differenzwinkel der Welle 2) beträgt also 9°. Bei 90° Drehwinkel der Welle 1 hat sich auch Welle 2 um 90° weitergedreht usw. Differenzen in den Drehwinkeln machen sich besonders in der Lenkung unangenehm bemerkbar, wenn sie nicht ausgeglichen werden. Für alle Bauteile gilt dabei als gemeinsamer Nenner: Präzise und damit spielfreie Übertragung ist die Voraussetzung für zielgenaue und sichere Fahrbewegungen.

Differenzen in Drehwinkeln

Funktion der Lenksäule

Obwohl die Lenksäule im modernen Personenkraftwagen nicht mehr zu sehen ist, handelt es sich trotzdem um eine äußerst wichtige Komponente. Neben vielen anderen Funktio-

Abb. 13: Verstellbare Pkw-Lenksäule

nen stellt sie die Verbindung zwischen Lenkrad und Lenkgetriebe her und trägt dazu bei, daß ein Fahrzeug lenkbar wird (Abb. 13).

Eine wichtige Funktion innerhalb der Lenksäule ist das Lenken: Die Merkmale Drehmoment, Drehwinkel sowie Drehwinkelgeschwindigkeit müssen vom Lenkrad zum Lenkgetriebe übertragen werden. Hierzu sind Lenkwellen nötig, die zur Umlenkung des Merkmals mit Kreuzgelenken ausgestattet sind. Die Umlenkung ist unter anderem erforderlich wegen des engen Bauraums oder aus ergonomischen Gründen.

Übertragung von Merkmalen

Lenkwelle

Sie ist die eigentliche Verbindung zwischen Lenkrad und Lenkgetriebe innerhalb der Lenksäule. Bei Lenkwellen handelt es sich in der Regel um Rohrprofile, die zum beidseitigen Anschluß versehen sind mit Profilen, Verzahnungen, Konen oder Gewinden. Hergestellt werden sie aus Aluminium oder Stahl durch Rundkneten, Prägen oder Pressen und nur an

Abb. 14:
Lenkwellenschiebesysteme
A Verzahnung mit Gleitbeschichtung
B Kugelschiebesystem

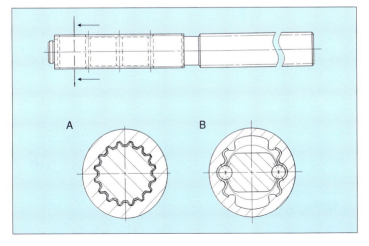

besonderen Stellen noch durch spangebende Bearbeitung. Zur Längenverstellung und Realisierung von Crash-Anforderungen müssen die Lenkwellen teleskopierbar ausgeführt sein: Dabei gleiten zwei formschlüssige Profile ineinander (Abb. 14).

Lenkwellen-Lagerung

Die Lagerung der Lenkwelle übernehmen spezielle Wälzlager, die in das Mantelrohr eingesetzt werden. Die Lagerung muß reibungsarm arbeiten, um das selbsttätige Rückstellen der Lenkung zu erleichtern und den Geradeauslauf des Fahrzeuges sicherzustellen. An die Lenkwellen-Lagerung werden hohe Anforderungen an Steifigkeit und geometrische Präzision (Spiel) gestellt, denn sie muß hohen Komfort bezüglich des Schwingungsverhaltens bieten und große Belastungen durch Mißbrauch am Lenkrad aushalten (Abb. 15).

Abb. 15:
Lenkwellenlagerung
1 Oberes Lager mit Feder zum Spielausgleich beider Lager
2 Unteres Lager

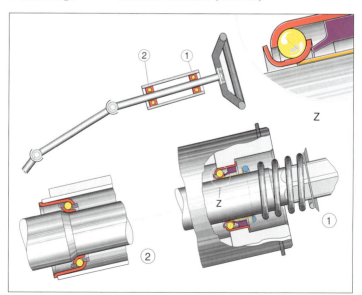

Lenksäulen-Verstellung

War die Möglichkeit zum Verstellen der Lenksäule früher Fahrzeugen der Oberklasse vorbehalten, so findet sie sich heute zunehmend auch bei Automobilen der Mittelklasse und in Kleinwagen. Als Hauptursache dafür gilt: Das

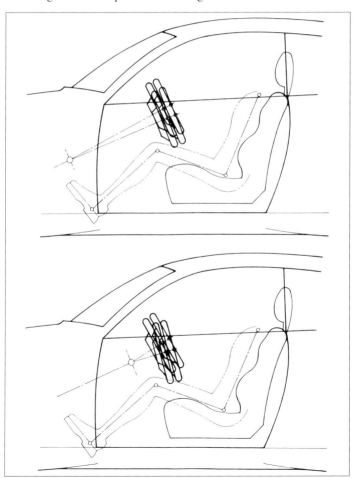

Abb. 16:
Lenksäulenverstellprinzipien
Oben: Rake and Reach
Unten: Tilt and Reach

26 Vom Kreuzgelenk zur Lenkung

Individuelle Anpassung

Verhältnis Fahrzeuggröße zu Fahrergröße hat sich verändert. Fahrer und Fahrerinnen jeder Statur und Körpergröße müssen im Auto den Fahrerplatz individuell anpassen können. Dazu bedarf es außer individuell einstellbarer Sitze besonders einer verstellbaren Lenksäule. Außerdem wird insbesondere bei Kleinwagen das Ein- und Aussteigen erleichtert.

An dieser Stelle bietet sich ein Blick auf die typischen Verstellprinzipien an (Abb. 16):

Rake and Reach: enthält die Funktionen »Kippen in der Nähe der Fußpedale und axiale Verschiebung« (Abb. 16 oben).

Tilt and Reach: enthält die Funktionen »Kippen dicht am Lenkrad und axiale Verstellung« (Abb. 16 unten).

Bei passiver Verstellung wird die Lenksäule durch einen Hebel form- oder kraftschlüssig in der gewünschten Position arretiert. Bei aktiven Einrichtungen übernehmen z.B. Elektromotoren über Spindel- oder Schneckenantriebe das Verstellen. Außerdem besteht die Möglichkeit, Memory-Elektroniken zum Speichern von verschiedenen Fahrpositionen und deren automatischer Rückstellung aus der Parkposition einzubauen.

Speichern von Fahrpositionen

Lenksäule mit Diebstahlschutz

Die internationale Gesetzgebung sowie die Versicherungen stellen an den Diebstahlschutz eines Fahrzeuges hohe Anforderungen. Um diese zu erfüllen, gibt es bei der Lenksäule drei technische Konzepte:

Anforderungen

- *Formschlüssige Verriegelung:* In der Lenksäule ist ein Lenkschloß mit einem oder mehreren Sperrbolzen fixiert, die nach Abziehen des Zündschlüssels in die Lenkwelle eingreifen und diese gegen Verdrehung »formschlüssig« sichern. Für diese

Lenksäule mit Diebstahlschutz 27

Aufgabe werden auf der Lenkwelle Sperrhülsen mit Nuten oder Sperrsterne mit Zahnradkontur befestigt. Der Gesetzgeber schreibt hierbei vor, daß die Sperrung der Lenkwelle sehr hohen Kräften widerstehen muß. Das geforderte Drehmoment von mindestens 300 Nm entspricht einer Handkraft von rund 750 N am Lenkrad (Belastung mit etwa 75 kg). Bis zu dieser Belastungsgrenze darf die Lenkwelle nicht beschädigt werden.

- *Kraftschlüssige Verbindung:* Um allerdings auch bei höheren Belastungen, etwa durch Mißbrauch mit einer Brechstange, einen Defekt der Lenkwelle zu verhindern, wurde die kraftschlüssige Verriegelung entwickelt. Dabei sind die Sperrhülse oder der Sperrstern mit der Welle »kraftschlüssig« verbunden (Abb. 17). Der Kraftschluß garantiert die in diesem Fall vom Gesetzgeber vorgeschriebene niedrigere Belastungsgrenze (Drehmoment größer 100 Nm). Als Überlastsicherung dreht die Welle ohne Beschädigung der Lenkanlage durch und vermeidet so teure Reparaturen. Die zum Mißbrauch

Abb. 17:
Lenksäulen-
verriegelung
1 Sperrstern
2 Federelement für
 Kraftschluß
3 Sperrbolzen

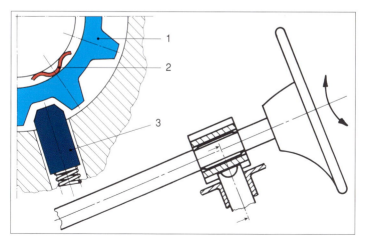

28 Vom Kreuzgelenk zur Lenkung

nötige Handkraft (Belastung größer 25 kg) läßt kein Lenken des Fahrzeuges zu. Entsprechend ausgestattete Fahrzeuge werden von den Kfz-Versicherungen in günstigere Typenklassen eingestuft.
- *Wegfahrsperre:* Da aber die beiden genannten Verriegelungsarten kriminelle Profis nicht vom Diebstahl abschrecken, kommen zusätzlich Wegfahrsperren zum Einsatz. Hierbei wird dem mechanischen Lenkradschloß eine Elektronik aufgesetzt, die mit Hilfe eines sich automatisch ändernden Funkcodes von einem Minisender im Zündschlüssel deaktiviert wird. Dieses System greift in das Motormanagement des Fahrzeugs ein und blockiert mindestens drei Systeme, die für den Fahrbetrieb nötig sind.

Komfort

Sicherlich denken die meisten Fahrer beim Thema Komfort eher an Autositze oder Klimaanlage. Doch auch die Lenksäule trägt entscheidend zum Komfort bei, wie folgende typische Merkmale zeigen:

Merkmale
- Gleichmäßige und weiche Lenkbewegungen bei geringem, aber angenehmem Kraftniveau,
- Geräuschfreiheit beim Lenken und Belasten,
- Spielfreiheit des gesamten Lenksäulensystems in alle Richtungen,
- Stabilität der Lenksäule durch steife und spielfreie Lenkradführung,
- stufenlose, passive oder aktive Verstellung (Elektronik eventuell mit Memory und Park-Funktion),
- Gleichmäßige Bewegungsabläufe,
- dem Tastsinn entsprechend (haptisch) angepaßte Rückmeldungen über Ver- und Entriegelungsabläufe am Verstellhebel und am Zündschloß durch Einrasten,

- Anschlagdämpfung der Lenksäule in puncto Gefühl und Geräusche.

Schutz vor Crash-Folgen

International gesehen gibt es zwei wesentliche Gesetzesforderungen, welche die Gestaltung der Lenksäule bestimmen (Abb. 18).

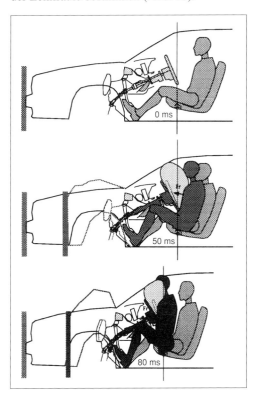

Abb. 18: Bewegungsabläufe während des Crashs: Crashstart (oben)

Fahrer trifft auf voll aufgeblasenen Airbag (Mitte)

Fahrer unter maximaler Belastung (unten)

1. *EU-Richtlinien* schreiben einen Offset-Crash mit ca. 60 km/h vor, bei dem der angeschnallte Fahrer sowohl vom Gurtsystem als auch vom Airbag abgefangen wird. Die dazu

Aufprall mit Versatz

erforderliche Energieabsorption geschieht über Gurt, Lenkrad mit Airbag und Lenksäule. Üblicherweise gibt die Lenksäule bei einer Belastung von etwa 5 KN nach (entspricht einer Gewichtsbelastung von etwa 500 kg) und verschiebt sich axial um etwa 50 mm. Die Lenksäule mit ihrem Kollapssystem muß die Verformung des Vorderwagens aufnehmen, wobei Verkürzungen von bis zu 150 mm auftreten können.

Frontalcrash

2. *North American Standard (NAS)* schreibt einen Frontalcrash mit ebenfalls ca. 60 km/h vor, bei dem die Verformung des Vorderwagens in der Regel geringer ausfällt (volle Überdeckung Fahrzeug/Aufprallmauer). Der hierbei nicht angeschnallte Fahrer muß wesentlich stärker als beim EU-Crash abgefangen werden (maximale zulässige Aufprallverzögerung im Brustbereich: zur Zeit das 60fache des Fahrergewichts). Hierbei gibt die Lenksäule bei einer Belastung von 5 bis 10 KN nach und verformt sich bis zu 100 mm. Beim Aufprall nimmt sie etwa viermal soviel Energie auf wie beim angeschnallten Fahrer (EU-Richtlinie).

Energieabsorber und Kollapssysteme

Zum Erfüllen beider Forderungen kommen in der Lenksäule Energieabsorber und Kollaps-Systeme zum Einsatz, die in aufwendigen Tests auf ihre überlebensnotwendige Funktion überprüft werden.

Vom Gelenk zur Schaltung

Damit der Fahrer in seinem Auto nach Belieben schalten und walten kann, sind auch hier Kugel- beziehungsweise Kreuzgelenke im Einsatz. Sie dienen als Lagerung für den Schalthebel, der zwei Drehachsen besitzen muß: zum Wählen und Schalten.

Zwei Drehachsen

Die Schaltung überträgt die gewünschte Fahrstufe an das Getriebe. Gleichzeitig signalisiert sie dem Fahrer den Schaltzustand des Getriebes. Dabei darf die Schaltung die Übertragung von Getriebegeräuschen und -schwingungen in das Fahrzeuginnere nicht zulassen.

Die Schaltbefehle werden durch Längs- und Querschwenken des Schalthebels eingeleitet und über mechanische Übertragungsglieder an das Getriebe weitergeleitet. Gelenke verbinden sowohl Schalthebel mit Übertragungsgliedern als auch Übertragungsglieder untereinander und mit der Karosserie.

Gelenke verbinden

Äußerst wichtige Bauteile einer Schaltung sind die Gelenke, und nur diese wurden früher von den Fahrzeugherstellern als Zukaufteile bezogen. Später folgte die Erweiterung auf die Komponenten Schalthebel und Schaltstange einschließlich Gelenke. In den letzten Jahren wurde schließlich die Verantwortung für die komplette Schaltung auf den Lieferanten übertragen. In Zukunft wird dieser dann auch die Abstimmung der Schaltung mit Getriebe und benachbarten Systemen des Fahrzeugs übernehmen. Anhand von Abbildung 19 läßt sich der Strukturwandel von Gelenken, Komponenten über Module bis hin zu Systemen deutlich erkennen.

Verantwortung übertragen

32 Vom Gelenk zur Schaltung

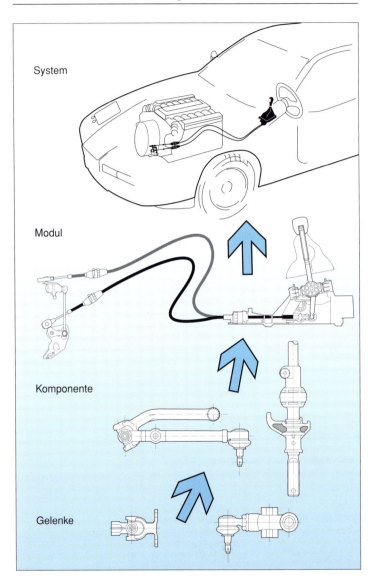

Abb. 19: Wandel in der Entwicklungsstruktur

Schaltungen für manuelle Getriebe

Durchgesetzt haben sich bei der Handschaltung zwei unterschiedliche Varianten: die Stangenschaltung und die Seilzugschaltung. Dabei droht den Stangenschaltungen zunehmend das Aus: Der Motorraum wird bei den typischen Kompakt-Fahrzeugen immer enger und bietet nicht mehr viel Freiraum für die nötigen Stangenbewegungen. Bei den Gestängen, die zum Teil umgelenkt werden müssen, kommt es im Laufe der Betriebszeit zum Spiel und damit zu störenden Klappergeräuschen. Bei der Gestängeschaltung muß außerdem die Übertragung der Getriebebewegungen auf den Schalthebel unterbunden werden. Dazu gibt es

Abb. 20:
Koppelstangen (grün) verhindern Schwingungsübertragung vom Getriebe zum Schalthebel

die sogenannten bewegungsarmen Schaltungen, welche die Bewegungen vom Schalthebel in Richtung Getriebe erlauben, aber sie in die andere Richtung unterbinden (Abb. 20).

Die Zukunft gehört daher dem Seilzug – besonders bei kompakten Fahrzeugen mit quer eingebauten Motor-Getriebe-Aggregaten. Der Seilzug fällt deutlich leichter aus, benötigt wenig Platz und läßt sich nahezu problemlos um alle Bauteile herum verlegen. Ein wesent-

34 Vom Gelenk zur Schaltung

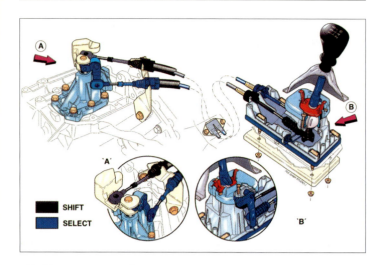

Abb. 21: Seilzugschaltung

licher Pluspunkt bei dieser Schaltungsart ist, daß die Bewegungen des Getriebes nicht auf die Schalthebel übertragen werden (Abb. 21). Man spricht hier von Entkopplung.

Mit Hilfe von eingebauten Gummielementen läßt sich eine effektive Dämmung von akustischen Schwingungen realisieren (siehe auch Kapitel »Vom Latex zum Gummiverbundteil«).

Schaltungen für Automatikgetriebe

Eines der Unterscheidungskriterien betrifft die sogenannten Wählbewegungsrichtungen: Typisch sind gerade oder ungerade Kulissen. So spricht man etwa bei der ungeraden typischen zick-zack-förmigen Kulisse bestimmter Fahrzeugmodelle von der sogenannten »Labyrinthgassen«-Schaltung (Abb. 22).

Gassenverlauf

Bei der geraden Version bedarf es spezieller Sperren, die im Schaltknauf integriert sind. Bei der ungeraden Variante wird die Sperrung gewährleistet durch den Gassenverlauf. Allge-

Schaltungen für Automatikgetriebe 35

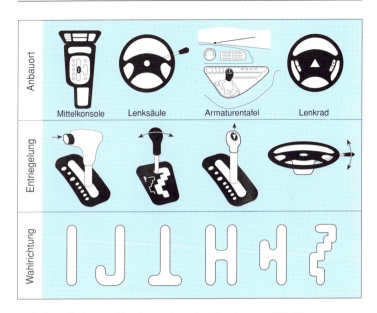

Abb. 22: Schaltelemente für Automatikgetriebe

mein besteht heute allerdings eher ein Trend zu den ergonomischeren geraden Schaltgassen.

Die Automatikschaltung besteht aus Hebel mit Knauf, Abdeckung, Schaltbock und Seilzug. Die Anforderungen an die Abdeckung sind hoch. Sie soll nicht nur gut aussehen und schützen, sondern auch den beleucht- und dimmbaren Anzeigen für Schaltzustände Platz bieten. Dabei besteht ein eindeutiger Trend zur Elektronisierung. Ein namhafter Automobilhersteller ließ sich beispielsweise eine Schaltung entwickeln, bei der sich unter der Abdeckung eine komplizierte Elektronikplatine unter anderem mit Sensorik und LEDs befindet (Abb. 23). Dies spiegelt auch einen Wandel in der Gangerkennung wider: Sie soll nicht mehr mechanisch am Getriebe ablaufen, sondern komplett sichtbar in den Schaltbock integriert werden.

Die Automatikschaltungen in einigen neuen Fahrzeugmodellen verfügen nicht nur über

Modultechnik

36 Vom Gelenk zur Schaltung

Abb. 23:
Elektronikplatine für
Automatikgetriebe-
schaltung

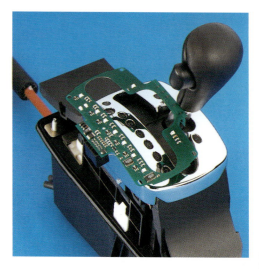

High-Tech wie Sensorik oder LEDs, sondern weisen auch auf den Trend zur Modultechnik hin. Das Modul Schaltung verfügt dabei über einen Anschluß an den Datenbus CAN, über den das Automatikgetriebe mit anderen Elektronikkomponenten Daten austauschen kann, um zum Beispiel den optimalen Gang einzulegen und um gleichzeitig Fehler für die Diagnose zu speichern. Dabei kommt zunehmend berührungslose Sensorik zum Zuge.

Außerdem müssen Automatikschaltungen über Sicherheitseinrichtungen verfügen wie *Shift-Lock, Inter-Lock und Möglichkeiten zur Diebstahlsicherung*. Dazu zählt etwa, daß der Wählhebel bei den Positionen P (Parken) und N (Neutral) nur bei getretener Bremse freigegeben wird *(Shift-Lock)* oder der Zündschlüssel sich nur in der P-Stellung ein- und ausstecken läßt *(Inter-Lock)*. Diebstahlsicherung sorgt für ein Blockieren der Schaltung, wenn der Schlüssel nicht im Zündschloß steckt.

Shift-Lock oder Inter-Lock

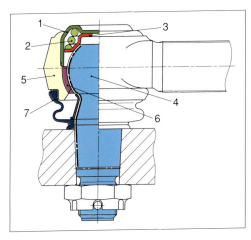

Abb. 44:
Kugelgelenk für
NKW-Lenkungs-
komponenten
1 Verschlußdeckel
2 Kegeldruckfeder
3 u. 6 einsatzgehärtete Lagerschalen
4 induktiv gehärteter Kugelzapfen
5 Gehäuse
7 Dichtungsbalg

Stahllagerschale und induktiv gehärtetem Kugelzapfen ausgestattet (Abb. 44). Wie bereits erwähnt, dürfen wie beim Pkw auch bei den Nutzfahrzeugen weder Fahrzeugmißbrauch noch Unfälle zum Bruch der Gelenkzapfen führen. Bei Überbelastung muß sich auch die Lenkspurstange so verformen, daß sich anhand der ungewöhnlichen Stellung der Vorderräder und Lenkradspeichen ein Schaden an der Lenkanlage sofort erkennen läßt.

Schaltungen für Nutzfahrzeuge

Die Schaltungen von Lastwagen und Bussen unterscheiden sich ganz wesentlich von denen für Pkws. Sie haben nicht nur mehr als 5 + R Gänge, auch die Schaltkräfte sind erheblich größer, der Abstand von der Schaltung zum Getriebe ist deutlich weiter, die erwartete Lebensdauer ist dreimal länger und bedingt durch die kippbaren Kabinen ist mehr Flexibilität notwendig.

Ideal für die Nutzfahrzeuge ist daher die »Shift-by-Wire«-Schaltung: die Schaltung hat keine

Schalten per Signal

mechanische Verbindung mehr zum Getriebe, die elektronisch erzeugten Schaltsignale werden über Leitungen zur Getriebesteuerung weitergegeben. Die elektrischen, pneumatischen oder hydraulischen Aktuatoren übernehmen dann die Bewegung der Schaltwelle. Die Shift-by-Wire-Schaltungen lassen sich aufgrund ihrer Kompaktheit überall in Reichweite des Fahrers einbauen: an der Armaturentafel, am Lenkrad oder an der Lenksäule. Diese optimale Lösung ist aber wegen der zusätzlichen Aktuatoren und automatischen Kupplung wesentlich teurer. Deshalb sind die Stangenschaltungen immer noch weit verbreitet. Hier werden die Nachteile wie hohe Schaltkräfte, unpräzises Schalten, Hakeligkeit, lange Schaltwege, Schwingungen, großes Gewicht der Stangen und hoher Packaging- bzw. Montage-Aufwand in Kauf genommen.

Aktuatoren bewegen

Neuerdings hilft ein einfacher, pneumatischer Servo-Zylinder, die Handkräfte beim Schalten zu senken. In diesem Fall kann dann auch ein Seilzug anstatt einer Stange verwendet werden, dessen niedrigerer Wirkungsgrad durch diese Servounterstützung ausgeglichen wird. Bei den Bussen, bei denen die Stangen ca. 10 Meter lang sind und umständlich durch den ganzen Bus durchgeführt werden, bieten sich die Seilzugschaltungen als eine sinnvolle Alternative an.

Servo-Zylinder senkt Handkräfte

Eine neuere Entwicklung ist die hydrostatische Kraft-Wege-Übertragung. Hier verbinden je zwei Ölleitungen für Schalten und Wählen je zwei Hydraulikzylinder am Schaltbock und am Getriebe miteinander in einem geschlossenen Hydraulikkreis. Die Handkräfte am Schalthebel bringen die Ölsäule in Bewegung, die wiederum den Zylinderkolben und damit die Schaltwelle am Getriebe synchron bewegt. Trotz der Vorteile wie Flexibilität, kleine Massen, Schwingungsfreiheit, einfachere Montage und Packaging sind die hohen Kosten ein Hindernis für diese Schaltung.

Hydrostatische Kraft-Wege-Übertragung

Ausblick

Wie geht es weiter mit den »Komponenten für Fahrwerk und Lenkung«? Ein Blick in die einzelnen Entwicklungsbereiche weist auf fünf wesentliche gemeinsame Nenner hin:

- erhöhter Umweltschutz,
- intelligenter Leichtbau,
- zunehmende Ansprüche an den Komfort,
- erhöhte Anforderungen an die Sicherheit,
- Übertragen von Verantwortung zum Zulieferer.

Weiterentwicklung

Erhöhter Umweltschutz: Die ökologischen Anforderungen werden weiter in allen Bereichen steigen. Dazu zählt etwa der Verzicht auf umweltbelastende Werkstoffe aller Art (zum Beispiel: keine Schwermetalle im Oberflächenschutz) und die Schonung von Ressourcen. Verstärkt wird in Zukunft Wert gelegt auf hohe Investitionen in umweltschonende Fertigungsprozesse. Ein Beispiel für Umweltschonung sind die sehr teuren und aufwendigen Plasmaentfettungsanlagen, die etwa bei der Produktion von Gummiverbundteilen Metallteile entfetten. Der ökologische Vorteil dieser zukunftsweisenden Technik besteht darin, daß sie ohne die berüchtigten Chlorkohlenwasserstoffe auskommt.

Plasmaentfettungsanlagen

Intelligenter Leichtbau: Der erhöhte Umweltschutz sowie die parallele Forderung nach Senkung des Kraftstoffverbrauchs werden den Leichtbau weiter ankurbeln. Erreicht wird dies etwa durch Substitution, den Einsatz von neuentwickelten Werkstoffen oder die optimale Auslegung der Bauteile durch immer weiter verfeinerte Berechnungsverfahren. So läßt sich bei Kugelzapfen das Gewicht verringern, indem der Zapfen ohne mechanische Bearbeitung aus einem Rohr gefertigt wird. Diese

Verfeinerte Berechnungsverfahren

Lösung weist auch auf den eigentlichen Trend hin: den intelligenten Leichtbau. Im Mittelpunkt steht künftig nicht mehr der Wettstreit der Werkstoffe, sondern die intelligente Kombination von Werkstoffen und Funktionen.

Zunehmende Ansprüche an den Komfort: Die Schwerpunkte künftiger Komfortansprüche an Fahrwerk und Lenkung zeichnen sich heute schon ab. Die Fahrer wünschen sich leisere, schwingungsärmere Fahrzeuge, die sich leichter bedienen lassen. Beispiel Nr. 1: In der Entwicklung befinden sich Gelenke mit frequenzabhängigem Reibmomentverhalten, welche die Dämpfungseigenschaften deutlich verbessern sollen. Damit soll eine Art aktive Dämpfung verwirklicht werden, die je nach Schwingung variiert. Beispiel Nr. 2: Bei dem Schaltprinzip »Shift by wire« werden die Schaltbefehle als Signale über Kabel übertragen. Der Fahrer teilt per Joystick (Schalthebel) mit, ob er schneller, langsamer oder rückwärts fahren will. Ein weiterer Pluspunkt: Es treten dank des Wegfalls der Seilzug- oder Gestängeverbindung keine Geräusch- und Schwingungsprobleme auf.

Leisere, schwingungsärmere Fahrzeuge

Erhöhte Anforderungen an die Sicherheit: Mit zwei wesentlichen Trends werden sich die Entwickler von sicherheitsrelevanten Komponenten, besonders aus dem Bereich von Fahrwerk und Lenkung, künftig auseinandersetzen: mit der 100%igen Funktionserfüllung über die gesamte Lebensdauer eines Fahrzeugs und der Funktionssicherheit selbst bei extremen Belastungen außerhalb des Normalbetriebs.

100%ige Funktionserfüllung

Verantwortung zum Zulieferer übertragen: Die Fahrzeughersteller gehen immer mehr dazu über, die Entwicklung, Herstellung und Logistik von Teilen oder von kompletten Systemen an einen Partner zu vergeben. Für die Fahrwerktechnik heißt dies zum Beispiel, daß der

Mehr Verantwortung

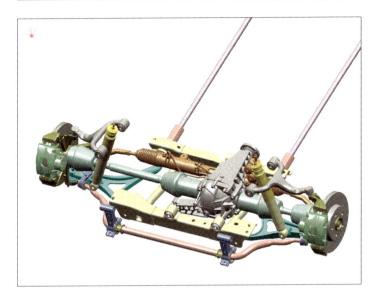

Abb. 45:
Einbaufertiges
Vorderachssystem

Zulieferer den Auftrag erhält, Komponenten und Module zu entwickeln und mit Kaufteilen auf einem Hilfsrahmen zu montieren und so zu einem einbaufertigen Achssystem zu komplettieren (Abb. 45). Darüber hinaus wird der Systemlieferant der Zukunft Schritt für Schritt noch mehr Verantwortung erhalten: von der Logistik über den Einbau ins Fahrzeug bis hin zur Rücknahme und dem Wiederverwerten gebrauchter Komponenten.

Fachbegriffe

Bewegungsfreiheitsgrad Das ist die Fähigkeit eines Bauteils, sich im Raum linear und drehend zu bewegen (maximal sechs Freiheitsgrade).

CAD (Computer Aided Design) Das heißt übersetzt computerunterstütztes Konstruieren.

CAN Beim »Controller Area Network« handelt es sich um einen Quasi-Standard bei digitalen Automobilnetzwerken. Für CAN spricht neben der deutlichen Verkleinerung des Kabelbaumes: Jeder angeschlossene Elektronikbaustein empfängt alle Daten und wählt selbst die für ihn nötigen aus.

CNC Die »Computerized Numerical Control« ist eine EDV-Steuerung, welche beispielsweise die Bewegungen einer Fräs- oder Drehmaschine steuert. Das Plus dieser High-Tech-Einrichtung: Daten aus einem CAD-Entwurf lassen sich direkt in entsprechende Werkzeugbewegungen umsetzen. In der EDV-Fachterminologie heißt dies rechnerunterstützte Fertigung oder Computer Aided Manufacturing (CAM).

CIM (Computer Integrated Manufacturing) Diese Arbeitsweise bezeichnet die sogenannte rechnerintegrierte Fertigung. In jedem Arbeitsgang kommt dabei von der Produktentwicklung, Arbeitsvorbereitung bis hin zur Auslieferung Computertechnik zum Einsatz, welche die EDV-Informationen aus dem vorhergehenden Schritt nutzt.

DoE (Design of Experiment) Es ist eine Versuchsmethodik zur gleichzeitigen Untersuchung verschiedener Einzeleinflüsse auf das Gesamtergebnis.

Elastomer Mit diesem Begriff werden alle natürlichen und synthetischen vulkanisierbaren Produkte bezeichnet, die nach Vernetzung elastische Eigenschaften aufweisen. Außerdem fallen unter diesen Begriff auch Kunststoffe mit vergleichbaren Eigenschaften.

E-Modul (Elastizitätsmodul) Es ist der Kennwert für Dehnbarkeit eines Werkstoffes im elastischen Bereich.

FEM (Finite-Element-Methode) Dabei geht es um ein Berechnungsverfahren zur Ermittlung von Spannung und Verformungsverhalten von Bauteilen per Computer.

FMEA (Fehlermöglichkeits- und Einfluß-Analyse) Mit dieser Methode wird vorbeugend untersucht, welche Auswirkungen Bauteil- und Prozeßfehler auf die Funktion haben können.

Form- und Kraftschluß Dies bedeutet, daß die Form der Berührungsfläche zweier benachbarter Werkstücke beziehungsweise die Reibung zwischen ihnen eine Relativbewegung verhindern.

Frischware Als Frischware bezeichnen Experten die von der chemischen Industrie aus Rohöl hergestellten Kunststoffgranulate – im Gegensatz zu Material aus Werkstoffrecycling.

Hubschwingungen Hubschwingungen sind kontinuierliche Auf- und Abschwingungen.

Kinematik In der Fahrzeugtechnik verwendeter Begriff für den theoretischen Bewegungsablauf des Rades im Fahrzeug aufgrund der räumlich angeordneten starren Lenkerdrehpunkte. Vorspur, Sturz, Nachlauf und andere für das Fahrverhalten wesentliche Parameter werden damit festgelegt. Werden die

Lenkerlager als elastische Drehpunkte betrachtet, spricht man von Elastokinematik.

Körperschall Mit Körperschall werden akustische Schwingungen bezeichnet, die über Bauteile beziehungsweise die Karosserie übertragen werden.

Offset-Crash Im Gegensatz zum Frontalcrash, bei dem Fahrzeugmitte und Aufprallmauermitte in etwa übereinstimmen, werden beim Offset-Crash beide Mitten soweit gegeneinander versetzt, daß sich die Mauerkante in die Fahrzeugfront drückt.

Radsturz Radsturz ist die Neigung des Rades zur Senkrechten. Der Wert wird bei stehendem Fahrzeug ermittelt.

Spritzgießen Es handelt sich um ein Verfahren, bei dem eine Formmasse aus thermoplastischem Kunststoff bis zur Fließbarkeit aufgeheizt und in die Form gespritzt wird. Das Formteil erstarrt im Werkzeug und wird entnommen.

Thermoplast Ein Thermoplast ist ein Kunststoff, der sich wieder gewinnen und zu neuen Produkten verarbeiten läßt.

Vorspur Vorspur ist die Abweichung der Räder *einer* Achse von ihrer Parallelstellung symmetrisch zur Fahrzeugmittelachse. Der Reifenabstand ist an der Achse vorn kleiner als hinten. Ermittelt wird dieser Wert bei stehendem Fahrzeug.

Der Partner dieses Buches

Lemförder
Fahrwerktechnik AG & Co.
Postfach 12 20
D-49441 Lemförde
Telefon: 0 54 74/60-0
Fax: 0 54 74/60 21 99

Sicherheit für Fahrwerk und Lenkung

LEMFÖRDER, der Geschäftsbereich Fahrwerktechnik der ZF, hat sich zu einem weltweit operierenden Spezialisten für Präzisionsmodule und Sicherheitssysteme in Fahrwerk und Lenkung von Pkw und Nutzfahrzeugen entwickelt. Tochtergesellschaften und Werke in Westeuropa, Nordamerika und Asien beliefern fast alle Fahrzeughersteller. Lizenznehmer erschließen die Märkte in Südamerika, dem Fernen Osten und Afrika. Anfangs ein überschaubares Familienunternehmen ist LEMFÖRDER seit der Gründung im Jahr 1947 mit seinen Kunden und den sich ständig verändernden Anforderungen der modernen Fahrtechnik kontinuierlich gewachsen.

Das Geschäftsfeld »Fahrwerktechnik« liefert u. a. komplette Achssysteme für Pkw sowie Module zur Radführung und -aufhängung und Pkw Getriebeschaltungen. Das Geschäftsfeld »Lenksäulen« starre oder verstellbare Lenksäulensysteme und das Geschäftsfeld »Elastmetall« hat sich auf Gummi-Metall-Produkte sowie Komponenten hoher Präzision aus thermoplastischen Kunststoffen wie Ölbehälter oder Airbaggehäuse spezialisiert.

Zwei neue moderne Werke in Deutschland, gebaut 1995 und 1997, gehören ebenso zur jüngsten Entwicklung von LEMFÖRDER wie das neue Werk in China, das Anfang 1997 die Produktion aufnahm.

Mit steigenden Ansprüchen an die Systemfähigkeit und mit wachsender Komplexität der Produkte sieht LEMFÖRDER neue herausfordernde Aufgaben auf sich zukommen.

Grundwissen mit dem Know-how führender Unternehmen

Eine Auswahl der neuesten Bücher

Die Bibliothek der Technik

- Das Preßwerk der Zukunft
  Schuler
- Außenbeleuchtung
  Thorn
- Airbag *Temic*
- Filtertechnologie für Hydrauliksysteme *Argo*
- Schneidkeramik *Cerasiv*
- Gas Pipelines (engl.)
  Pipeline Engineering
- Komponenten für die Lichttechnik
  Vossloh-Schwabe
- Kohlendioxid – Kohlensäure – CO_2
  Messer Griesheim
- Untergrundspeicherung
  UGS
- Passiv-Infrarotbewegungsmelder
  Busch-Jaeger Elektro
- Wärmedämm-Verbundsysteme
  Sto
- Polyester Producing Plants (engl.)
  Zimmer
- Stahlfaserbeton
  Hochtief / Bekaert
- Wärmeschutz von auskragenden Bauteilen *MEA*
- Feinschneiden und Umformen
  Feintool
- Steckverbinder *Harting*
- Öffnungssysteme für Lüftung und natürlichen Rauchabzug *Geze*
- Polyamide *EMS-Chemie*
- Kraftfahrzeugkupplungen *Sachs*
- Türbeschläge aus Polyamid *Hewi*
- Federelemente aus Stahl für die Automobilindustrie
  Muhr und Bender
- Professionelle Präsentationstechniken *Liesegang*
- Continuous Press Technology (engl.)
  Hymmen
- Stromverteiler für den Außenbereich
  Bosecker
- EDV-Einsatz in der Schalungsplanung *Deutsche Doka*
- Fahrzeugnavigation
  BMW/Philips
- Komponenten für Fahrwerk und Lenkung *Lemförder Fahrwerktechnik*
- Widerstandsschweißtechnik
  Messer Griesheim
- HSC-Fräsen im Formenbau
  *Heidenreich und Harbeck,
  alphaCAM,
  Marquart Spanntechnik*
- Industrielle Endoskopie *Storz*
- Das moderne Wohnbüro
  hülsta

Die Bibliothek der Wirtschaft

- Factoring und Zentralregulierung
  Heller Bank
- Autovermietung in Deutschland
  Europcar
- Die Messe als Dreh- u. Angelpunkt
  Messe Düsseldorf
- Internationale Kurier- und Expreßdienste *TNT*
- Flughafen und Luftverkehr
  Flughafen Düsseldorf
- Warenhotels
  Log Sped
- Sicherheitsmanagement *HDI*
- Immobilien-Leasing
  DAL Deutsche Anlagen-Leasing

Die Bibliothek der Wissenschaft

- Organische Peroxide *Peroxid*
- Lithium (engl.) *Chemetall*
- Dosiersysteme im Labor *Eppendorf*
- Wägetechnik im Labor *Sartorius*

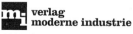

verlag moderne industrie

86895 Landsberg/Lech

Alle Bücher sind im Buchhandel erhältlich